香气正念

用气味调节情绪与身体的
嗅觉疗愈革命

[日]松尾祥子◎著

[日]东原和成◎审定

许倩◎译

华夏出版社

HUAXIA PUBLISHING HOUSE

プロカウンセラーが教える香りで気分を切り替える技術

(ProCounselor ga Oshieru Kaori de Kibun wo Kirikaeru Gijutsu : 6015-3)

© 2020 Shoko Matsuo

Original Japanese edition published by SHOEISHA Co.,Ltd.

Simplified Chinese Character translation rights arranged with SHOEISHA Co.,Ltd.

through CA-LINK International Agency

Simplified Chinese Character translation copyright © 2025 by HUAXIA PUBLISHING HOUSE

北京市版权局著作权合同登记号：图字 01-2024-5549 号

图书在版编目（CIP）数据

香气正念 / （日）松尾祥子著；许倩译. -- 北京：华夏出版社有限公司，2025. -- ISBN 978-7-5222-0912-8

Ⅰ . B842.6-49

中国国家版本馆 CIP 数据核字第 2025ED7302 号

香气正念

作　　者	［日］松尾祥子
译　　者	许　倩
责任编辑	赵　楠

出版发行	华夏出版社有限公司
经　　销	新华书店
印　　装	三河市少明印务有限公司
版　　次	2025 年 6 月北京第 1 版　　2025 年 6 月北京第 1 次印刷
开　　本	880 × 1230　1/32 开
印　　张	7.75
字　　数	120 千字
定　　价	59.80 元

华夏出版社有限公司　网址：www.hxph.com.cn　电话：（010）64663331（转）
地址：北京市东直门外香河园北里 4 号　邮编：100028
若发现本版图书有印装质量问题，请与我社营销中心联系调换。

推荐序

欣欣世界，正念东方。

身处东方文化宝藏的中心，在这片土地上诞生的美学智慧，本应与生命科学相互交融，为人类提供贯通身心的滋养。然而，我们却被现今社会的纷纷扰扰裹挟，茫然不知何为中国美学。接续断层，寻回中国美学基因的本真与内涵，培育华夏千年文化沉淀的精粹气韵，让东方美学与生命科学携手在当代重新焕发生机，这既是文化传承的使命，也是以科学思维探索文明深度的课题。

中国美学的觉醒绝非简单的文化复刻，而是需要以科学为舟楫，于浩渺的时空里打捞失落的文明传承。人类对地球生物的探索不到 1%，时代赋予了我们科研者新的使命：敬畏已知，承认不知，探索未知。

站在文明长河的渡口，我们既是考古者又是创新者。化繁为简，拨云见日；方寸肌肤，亦是生态。浅浅的一方肌肤蕴含着浩瀚的生态样貌。现代生物科技正经历着"道法自然"的哲学回归与创新。当3D皮肤模型中的表皮干细胞如庄子在《至乐篇》中提到的"种有几"般分化生长，当基因测序技术解构出《黄帝内经》所述的"荣卫通利"，我们恍然惊觉：那些被遗忘的东方生命观，正在分子生物学的语言中重绽华光。

如今，我们以科学重新诠释东方美学的DNA密码，那些深埋于岁月、沉睡的文明记忆，已然在现代人的生命体验中焕发新生，绽放出令整个世界为之侧目的精神之花。这种文明成果悄然落在这部探索之作的纸页间，《香气正念》恰似一架连接多学科视角与生命体验的通感之桥，更如一座跨学科贯通、融合无间的生命美学圣殿，汇聚了多元的智慧与灵感。

每一次呼吸皆是自然与心灵的深度交融，助你开启身心平衡之旅，这既是一种沉淀，更是一份使命。我满怀期许，渴望将其中蕴含的智慧力量，通过一次次舒缓的呼吸转化为愉悦美好的体验，让色谱仪原本冰冷的数据流里也飘散着草木芬芳。

以科技孕育生命，携科学步入未来。

肖恩

于英弗实验室

🌿 肖恩

- 中国台湾省医科大学肌肤医学博士
- 日本京都大学医学部药理学、药剂学获双学科博士
- 日本 YAMAMOTO 肌肤医学工程研究院主理科学家
- 英弗（天津）肌肤再生医学生物工程联合研发中心首席科学家

序　言

你是否有如下烦恼，希望心情能够焕然一新呢？

提不起干劲，做事总是拖延。

闷闷不乐，为某件事想不开，讨厌这样的自己。

每天被工作搞得心烦意乱，但仍想尽力而为。

这本书将告诉你**如何利用日常生活中的香气来解决这些**烦恼。

嗅觉是五感中最为特殊的一种感觉，它**直接作用于控制本能和情绪的大脑部位。**

本书的作者在多年的临床实践中，提出了**气味可用于心理调节**的理论，并针对气味使用与否的差异、效果及具体用法进行了研究。她发现，使用特定气味能让人心情更好，就像魔法一样，有的气味让人放松，有的气味可以提振人的精神。这证明了气味不仅是嗅觉享受，更是心理调节的好帮手。

基于自己二十年的临床经验，并结合心理学和嗅觉的相关研究成果，作者在书中介绍了**利用气味进行心理调节的方法**，这种方法对于从未关注气味的人尤其有效。

在这本书中，作者将引领我们一起探索将香气融入日常生活的方式——香气正念与香气正念冥想。**香气正念**，是一种在邂逅芬芳之时，刻意放缓呼吸，让意识沉浸于香氛之中的身心实践。而**香气正念冥想**，则是在静谧的坐禅时光里，以香气为媒介，引领心灵进入一场深邃而宁静的冥想之旅。两者相辅相成，犹如一对默契的舞伴，无声地编织出对气味感知的细腻织锦，让我们的感官世界因此更加丰富与敏感。

在阅读之旅中，作者希望读者能关注两个重点：其一，实践之钥。不妨在日常的点滴间，亲自尝试第 1 章与第 6 章所授的方法，以一颗细腻之心，亲身体验气味所带来的奇妙效用。其二，理性之光。深入理解并珍视其中的科学依据，这份知识的力量将成为你持之以恒、不断探索的坚实后盾。

本书不仅涵盖了**心理学、脑科学与生理学领域的最新观点及前沿研究成果**，还精心挑选**真实案例**，详细介绍了**运用香气来调节情绪的实践方法**。在确保每一则分享真实反映香气效力的同时，出于对隐私的尊重，作者对书中的具体事例做了处理，比如对个别细节进行了适度调整，或者将多个案例融合重塑。

现在，是时候掌控自己的人生了！在当下这个快节奏的时代里，掌握有效的心理调适技巧，尤其是进行有效的压力管理，对每个人而言都至关重要。别忘了，嗅觉作为我们与生俱来的感官之一，蕴藏着巨大的潜力，请一定要好好利用它！

目录

第 1 章
现在就开始！用香气调节情绪的核心练习

第 2 章
香气与情绪的科学对话

第 3 章
香气心理学

第 4 章
嗅觉与气味的生理学

第 5 章
正念与呼吸

第 6 章
香气正念的技巧与习惯养成法

AROMA &
MIND
FULNESS

现在就开始！

用香气调节情绪的

核心练习

嗅觉觉醒：被忽略的生活疗愈力

想象一下，朋友递过来一杯液体，对你说："闻闻它吧。"你接过杯子后，会去怎样闻它的气味呢？

对于没见过、没闻过的东西，当想要去了解它是什么物质、是什么气味时，我们会自然地做出**用力去闻的动作**。这个动作的目的是判断"这是什么气味"或"发出这种气味的东西是安全的吗"，判断的对象多是物体或环境，是自己以外的事物。换句话说，此时的意识和关注点都指向自己以外的**外部**。

完全不同的闻法

本书将介绍一种完全不同的闻法，叫作**香气正念**，它可以让你将意识转向自己的**内部**。香气正念使用的正是我们身边随手可得的能够使自己感觉愉悦的香气，比如刚倒的咖啡、绿茶、红茶、花草茶、红酒，以及植物叶子、新鲜番茄等的气味。日常生活中接触到的令人愉悦的香气，通常都是吸入体内也无害的气味，因此，不需要用力去闻来判断它是什么、是否安全。意识到这一点之后，日常生活中的香气就会时时作用于我们的身体和心灵。

此书将深入探索作为一种创新的情绪调节手段的香气正念，阐述其理论根基与背景。**香气正念，简而言之，是人通过特定的呼吸技巧和意识引导，在接触各类香气时实施的一种调节方法。**这或许听起来平淡无奇，你可能会想："不过如此嘛！"然而，坚持不懈地实践后，你将逐渐察觉到自身感知与生活质量发生的微妙而深刻的转变。

将香气正念巧妙融入日常点滴之中，你将解锁利用不同香气调节情绪乃至激发情绪潜能的新技能。无论是寻求平静、振奋精神，还是提升专注力，你都能找到合适的香气作为辅助。这一过程不仅能丰富你的生活体验，更会让你深刻体会到香气正念为身心健康带来的广泛益处，带你开启一段全新的自我发现和情绪管理之旅。

香气腹式呼吸——将意识集中到呼吸上

① 用口呼气。

② 完全呼出后，闭上嘴唇。

③ 将香气放至鼻前。

④ 感受空气一点一点进入鼻子的感觉。（空气从身体排出后，用鼻子被动吸入空气。）

⑤ 用鼻子呼气。完全呼出后，感受空气一点一点进入鼻子的感觉。感受香气进入鼻子，通过喉咙，在身体内部下降，到达腹部的感觉。

⑥ 继续用鼻子呼吸。用鼻子呼出空气时感受腹部的收缩，用鼻子吸入空气时感受腹部因香气的进入而膨胀。

想象香气进入腹部

在运用香气进行正念练习时，选择那些能唤起你内心愉悦感的香气至关重要。这些香气可以源自天然的植物精华、诱人的食物、醇厚的饮品，或是户外清新宜人的空气，任何让你心生欢喜的气味皆可。接下来，请将你的注意力聚焦于鼻腔，吸入香气，并想象这些香气随着每一次腹式呼吸缓缓深入你的腹部。

尽管从生理上讲，香气（或空气）并不会真正进入腹部，但请允许自己沉浸在这一想象之中。自然地、有节奏地继续你的腹式呼吸，每一次都用鼻子静静地、深深地吸气，让这份愉悦的气息渗透至身体的每一个角落。保持这份专注与平和，让心灵随着每一次呼吸的起伏而得到滋养与放松。

到底是用口呼气，还是用鼻子呼气呀？

感受空气的进入和吸气有什么不同吗？

香气进入腹部的感觉到底是什么样的感觉啊？

我为什么感觉不到任何变化？

刚开始时，你可能会感到些许迷茫，甚至觉得练习似乎并未带来预期的效果。面对这样的情形，无须焦虑。

如果在执行过程中感到困惑或难以捉摸，不妨**回归到最自然的呼吸节奏**，无须刻意强求。只需尝试在心中描绘香气缓缓渗透至腹部的画面，仿佛用你的腹部去温柔地拥抱那份香气，感受它与你的每一次呼吸共鸣。

引导练习：开始香气正念之旅吧

① 重复香气腹式呼吸的①～⑥步。

② 将集中在腹部的意识扩展到全身。

③ 感受自己身心内部的变化。

④ 对于自己的感受，不作评判，接纳就好。

　　在香气腹式呼吸的深化练习中，将原本集中在腹部的意识逐渐扩展至全身，细致入微地感受身体每一个部位的变化。你可能会惊喜地发现，随着呼吸的深入，肩背逐渐放松，心胸自然而然地打开，仿佛整个世界都变得更加宽广。对于一些人而言，这个过程伴随着多余能量的释放，头脑变得异常清晰，思维敏锐；也有人会感受到体内仿佛涌动着一股新生的力量，给予自己前所未有的勇气与自信；更有甚者，在心灵的深处，一些话语悄然浮现，如"原来我一直这么疲惫""是时候给自己一些喘息的空间了"。这些自我觉察的瞬间，都是心灵深处发出了最真实的回响。

　　随着你对香气正念的日益熟悉，即便不再刻意进行香气腹式呼吸的引导练习，你也能够轻松地将意识聚焦于自己的内在世界。那时，你就能敏锐地捕捉到香气所带来的身体感受与内心的波动。当引导环节变得不再必要，你能够即刻沉浸于香气正念之中，这标志着你已经掌握了这项利用香气在短时间内有效调节情绪的高级技巧。这不仅是一种能力的提升，更是自我认知与情绪管理的一次飞跃。

香气正念要使用你喜欢的香气

当遭遇不悦的气味时，人体会本能地启动应激反应，这源自远古时代面对潜在威胁（诸如敌人）时的一种自我保护机制。这一连串的反应起始于大脑中的杏仁核与下丘脑，它们迅速传递警报信号至全身，激发战斗、逃避或僵持不动的应对模式。

在这样的生理状态下，个体的情绪调控能力往往会大打折扣，难以实现内心的平静与自我安抚。鉴于此，在进行香气正念练习时，选择至关重要。我们倾向于采用生活中熟知的、至少不会引发反感的气味，理想的选择是那些能够触动心灵、带来正面情绪反应的香气。我们要寻觅一种能够令自己心旷神怡的香气，它如同一剂温柔的良药，能够舒缓我们紧张的身体，拓宽我们的心胸，使我们的呼吸自然而然地变得深长而平稳。

选择特定的香气，得到所需的情绪

当你深入掌握了香气正念，能够敏锐地感知到香气如何微妙地影响你的情绪状态时，你便拥有了一项强大的自我调节工具。此时，你可以根据自己的即时需求，从众多你喜爱的香气中挑选出最能激发**当前所需情绪**的那一款。这里的当前所需情绪，是指针对当前情境下你最渴望达到的心理状态，比如，在社交场合中需要的那份沉稳与自信，进行复杂逻辑思考时所需的敏锐与专注，或是长时间耐心工作时应保持的平静与耐心。

香气具有唤醒深层记忆与情感画面的神奇力量，这些**气味符号**能够迅速引导你进入特定的情绪状态。它们如同一把把钥匙，打开通往不同心境的大门（关于这一点，我们将在第 3 章详细探讨）。因此，通过精心挑选的香气，你不仅能够为自己营造出愉悦与轻松的氛围，还能根据具体情境调整情绪，以适应不同的生活挑战。

当然，在初步尝试利用香气调节情绪时，你可能会觉得区分并选用特定香气有些困难。这是一个逐步熟悉的过程，不必急于求成。不妨先**从你最喜爱的香气入手**，享受它带来的愉悦感受，观察它如何微妙地改变你的心境，让它为你的生活增添一抹不同以往的色彩。随着时间的推移，你会逐渐掌握如何通过香气这一媒介，精准地调控自己的情绪，让生活更加丰富多彩，更加贴近你内心的理想状态。

即时高效的香气正念一次呼吸法

① 引导练习——进行香气腹式呼吸。

② 用香气正念做一次鼻呼吸。

③ 感受自己身心内部的变化。

所需时间为 10 ~ 45 秒。

香气正念一次呼吸法极为高效，即便是从引导练习阶段的香气腹式呼吸算起，整个过程也仅需不到一分钟的时间。若用口快速呼气并省略引导，整个练习甚至能缩短至十秒以内。

尽管时间短暂，你却能明显感受到肌肉的松弛与呼吸的调整。香气正念引发的身体变化，能够进一步促进情绪的转变，让你实现身心的和谐统一。若初次尝试未能感受到显著变化，不妨重复进行三次香气腹式呼吸，效果更佳。

在日常生活中，只需抽出片刻闲暇，利用身边的香气，你便能轻松调节自己的情绪状态。让我们共同培养这一习惯，让香气成为我们调节心情的得力助手。

建立内心锚点的香气正念三次呼吸法

① 引导练习——进行香气腹式呼吸。

② 用香气正念做三次鼻呼吸。

③ 感受自己身心内部的变化。

所需时间为 45~90 秒。

即便是初次接触这种方法，大多数人也都能迅速通过这种方法体会到身心的变化。有些人不仅自己能够感知到身体的放松与呼吸的加深，连旁观者也能明显察觉到他们由内而外散发出的平和与变化。这无疑是一个既简单又易于坚持的基础练习。

开始时，不妨在引导练习阶段重复三次香气腹式呼吸，让腹部充分感受香气的流转。随后，进行三次正式的香气正念练习。若包含香气腹式呼吸，整个过程大约耗时 90 秒；若省略引导部分，直接进行正念练习，则仅需约 45 秒。你会惊讶地发现，即便是在最为忙碌的时刻，也能通过这一简短的练习，有意识地让自己的内心回归宁静与平和，建立内心锚点。

疗愈实案 1
电脑开机前，让咖啡香唤醒工作状态

　　三十多岁的 K 先生在一家私企上班，平时基本上每天都在电脑前工作。他的独居生活已经持续了三年。在公司里，他被委派了重要的工作。无论是在职场还是私人生活中，他都对自己自由而充实的生活状态感到满意。

　　然而，K 先生却常常在早上的通勤电车里感到痛苦。如果碰上没有礼貌的乘客，他就会变得心烦意乱，有时心情久久不能放晴。这样的早晨绝不是一个好的开始。当想到未来很多年都要这样乘电车上班时，他便开始担忧起来——难道自己的余生都要在这个公司里度过吗？他甚至想过换份工作或移居他处。

　　得知 K 先生每天到公司后都有先泡一杯咖啡再处理邮件的习惯，我向他提议，不妨将这份日常的

咖啡时光，转变为一次香气正念呼吸法的练习，让早晨的咖啡成为他情绪调节的小小仪式。

当我带着坏心情去公司工作，在处理邮件时，我可能就会采取对抗或消极的态度，不考虑对方的感受。那时，到公司后喝的那杯咖啡，仿佛成了启动我"战斗模式"的按钮。

但同样一杯咖啡，当我试着用它进行香气正念的练习之后，我感觉自己变得更加温和、平静和放松了。于是我开始思考："对方是在怎样的情境下写下这封邮件的呢？""或许是我误解了他们的意思？""他们这样表达，或许也有他们的道理。""可能是我们之间的沟通还不够充分。"我开始更加设身处地地考虑对方的情绪与立场。

每当我在会议上心情紧张或讨论激烈的时候，我则会闻闻茶香。这让我能够避免没有意义的争吵，冷静地思考眼下的状况。

我以前总是心浮气躁，现在心态有了变化，肩膀好像更放松了。当然，工作中仍不乏需要迅速反应与决断的时刻，但我更加深刻地意识到，保持稳定的心理状态与和谐的人际关系同样至关重要。人生漫长，我渴望以一种更加从容不迫的步伐去体验每一个瞬间。

疗愈实案 2
迷迭香、薰衣草与薄荷的耐心重启术

　　三十多岁的 R 女士，在媒体领域致力于推动女性参与社会发展的相关工作，这是她自学生时代以来便持续热衷并致力的事业。她与丈夫和上小学的儿子住在东京离工作单位不远的一套公寓里。丈夫和母亲帮她做家务、照看孩子，有时朋友也来帮忙。她与他们保持着良好的沟通，高效地处理着一切。R 女士对自己的工作和生活都感到很满意，但就是觉得时间不够用。她想方设法压缩购物和清洁的时间，但每天还是被定时器和待办事项穷追不舍。她说，希望至少能在回家之后放松一些。

　　我问 R 女士："起床闹钟可以提前 5 分钟吗？"她笑着说："早 30 分钟不行，早 5 分钟是可以的。"于是，我建议她起床后进行香气正念三次呼吸法的练习。她家里有三种芳香疗法使用的精油，可以根

据当天的喜好选择其一，滴在纸巾上使用。

　　我选择的香气组合包括迷迭香、薰衣草与薄荷。薄荷给予我清新的感觉，迷迭香则可激发我的食欲，而薰衣草让我的心灵得到极大的舒缓。每当进行到第三次呼吸时，这三种香气都会引领我进入一种深呼吸的状态，仿佛长舒一口气，肩膀随之放松，内心归于宁静。

　　过去，我时常觉得家人的声音过于嘈杂，但现在反思，或许是我自己过于心浮气躁。我渐渐意识到，是我的内心太过匆忙，才导致外界的一切显得喧嚣。为了调整这种状态，我特意将起床闹钟提前了20分钟，利用这段时间安静地享用一杯白开水，给自己的早晨一个平和的开始。

　　曾经，我认为忙碌的早晨预示着忙碌的一天，但现在我明白了，其实是内心的慌乱导致了生活的纷乱。尽管乘坐电车前往公司的路程依旧匆忙，但我的内心却变得更为从容不迫。

深度净化情绪的香气正念十次呼吸法

① 引导练习——进行香气腹式呼吸。

② 用香气正念做十次左右鼻呼吸。

③ 感受自己身心内部的变化。

所需时间为 2 分钟以上。

进行十次左右的鼻呼吸练习，这里的"左右"意在强调呼吸的次数**不必精确**，大致接近即可。重要的是避免像之前的呼吸练习那样刻意计数，也无须过分关注时间。如果实在担心练习何时结束，可以设定一个 3 分钟的闹钟作为参考。关键在于，要让通过鼻子吸入的香气深入腹部，并全身心地去感受这一过程给身体带来的各种微妙反应。如果初次未能明显察觉到身体的变化，不妨多次重复这种香气腹式呼吸。

尝试沉浸在香气的环绕之中，任由自己在这片香氛的海洋中自由漂浮。从以往那种过分强调目的与结果的**行动模式**中抽离出来，转而拥抱一种仅仅存在便有其独特意义的

存在模式。当你能够不再拘泥于次数，真正做到心无旁骛地专注于当下的感受时，你会发现自己的情绪状态发生了显著而积极的转变。

疗愈实案3
香气正念十次呼吸法唤醒真实与活力

C先生快50岁了，已经做了二十多年的公司职员。夫妻二人生活自在，相敬如宾，C先生感觉日子过得很幸福。然而，最近他意识到自己离退休已经不远了，快到了被称为"人生转折点"的年龄，后面的人生应该怎样度过？C先生思考着未来的计划，其中也包括创业。于是，他参加了思考工作方式的小组活动。

对于自己到底是不是创业这块料，我心里很是没底。说起来，我根本没有特别想做的事情。不仅仅是事业，从小到大，我好像就没有什么特别想做的事。学生时代我就是学习、参加社团活动和做兼职，上班后就是按照公司的要求工作，直到现在。公司的薪资很好，待遇也可以，我觉得自己做得还不错，和大家相处得也很融洽。升职很难，所以我没有太大的野心，反正公司也不会倒闭。不过，我有时会想，自己就这样过一辈子吗？我也想尝试做点什么事情，但又不知道做什么好。

在咨询和工作坊中，经常会听到C先生这样的声音——"不知道自己想要做什么"，说这样的话的人，什么年龄和性别的都有。在这次工作坊中，为了使C先生调整好心理状态，与自己的内心对话，并把现在的状况整理得更为直观，我建议他做了香气正念十次呼吸法。

我意识到自己在考虑事情的时候，总是太偏重理性，我会去探究问题的前因后果，进行逻辑性的思考。但是，等回过头来，我才发现自己只是在来回兜圈子。

这是我第一次体验香气。起初，"认识自己的感受"让我感到困惑。但在遵循老师的引导后，我明白了，感受比思考更重要，要意识到自己对事情是如何感受的。我感觉原来那个拘泥于逻辑思考的自己开窍了，肩膀也放松下来了。

一起参加工作坊的伙伴们也对C先生的变化感到惊讶不已。

C先生比之前松弛多了，表情和感觉完全不同于以往。我感到很惊讶，原来C先生是这样一个人啊！他的言语表达很自然，很有活力。

他以前说话时都是在字斟句酌的样子，而今天，他直接说出了真实感受，整个人的感觉很不一样。今天我们才是真正的人与人之间的交流。

觉察力进阶：从身体到心灵的觉察延伸 🦋

在心理咨询中，我常常引导来访者做正念冥想，把它作为一种心理疗法。在我的引导下，面前的来访者都会表现出呼吸加深、肩膀放松的样子，而且不少来访者跟我说，他们感受到了平常生活中从未有过的内心深处的平静。不过，也确实有很多来访者表示**"当天感受到了效果，但自己在家里做却感受不到"**。

于是，我开始尝试使用香气来解决这些来访者的苦恼。我建议来访者在正念冥想中使用那些日常生活中常见的香气。

将香气正念作为正念冥想的导入部分，同时也通过香气正念来养成练习正念冥想的习惯。

香气正念让正念冥想变得更容易，这有利于正念冥想的持续练习。科学证据表明，坚持练习正念冥想，可以帮助人们保持情绪稳定、培养控制情绪的能力。

而且，专注于身体感觉的能力和感受香气的能力提高后，利用香气来调节情绪也将变得更加容易。

　　也就是说，香气正念和香气正念冥想协同作用，能够提高利用香气调节情绪的能力。

实践！香气正念冥想培养情绪复原力的四个步骤

【准备】

① 放置香气，使练习中的人能够感觉到香气。

② 挺直后背坐好，腰部、背部和颈部形成一条平缓的直线。感觉座椅与大地深处相连，头部有一条丝线与天相连。

③ 进行香气正念的练习。感受香气到达腹部，接纳自己的感觉。

【正念冥想】

④ 安静地持续鼻呼吸，让意识自由飘荡，而不是集中在特定的地方。有任何想法浮现，都平静地接纳它们。想象一条潺潺流动的河流，让那些想法漂浮在河流之上顺流而去。

选择一种让你感觉舒适的香气，最好是能让自己身心放松、感觉自然、柔和淡雅的香气。一定不要使用气味强烈的、让身体不能放松或影响心情的香气。可以在衣领下放一张带有香气的纸或纸巾，或者在鼻子下面涂上有香气的乳霜，也可以使用香气喷雾或香味贴纸。

香气正念冥想就像坐禅

关于香气正念冥想的做法，我补充一下。放置好香气之后，在地板上盘腿而坐，以坐骨为起点，双腿呈三角形。如果直接坐在地板上感觉困难，可以使用坐垫，也可以坐在椅子上。然后挺直后背，使腰部、背部和颈部舒适地处于一条直线上。此时，如果注意"挺直后背"的话，肌肉就会紧张起来。**想象自己的臀部被地面牵拉，同时头顶被一条从天上垂下的丝线牵拉**，你的后背自然就挺直了。

挺直腰背后，开始进行香气正念的练习。不要刻意控制呼吸的深度，感受香气通过喉咙、进入胸部，然后继续下降、到达腹部的感觉。如果在感受香气到达腹部的过程中呼吸加深，顺其自然就好。不管呼吸有没有加深，都没关系，请带着好奇心去感受。若你的脑海中浮现出一些想法、评价或迷茫等杂念，只需接纳它们，任它们漂浮在眼前的河流上流走，或者像望着车窗外流动的风景一样，目送它们远去。

　　然后，你会忘记呼吸和香气的存在。请保持这个状态，继续正念冥想。先以 10 分钟为目标，习惯之后，可以延长时间。

疗愈实案4
葡萄柚香是开启情绪治愈之门的神奇钥匙

四十多岁的 T 先生在外资金融机构工作。他的妻子是全职太太，两个儿子就读于私立高中和初中，一家人过着充实的生活。T 先生听说谷歌公司和星巴克公司都把正念冥想引入了公司培训当中，便对正念冥想产生了兴趣。而且，他之前也参加过在公司举办的正念冥想工作坊。

听说正念冥想是一种健康的生活方式，还可以提升工作表现，我就想把它融入我的日常生活中。正好有一个机会，我参加了工作坊。当时我觉得这样的机会是很重要的，但从那以后我就没有再参加过。不过，我依然清晰地记得自己当时的感觉，那般沉静的时光在日常生活中是没有的。我被这种非日常性深深吸引着。我想把正念冥想融入生活中，但工作坊已经过去一年多了，我一直没有再次参加的机会。我也尝试过自己在家里练习，但不知道自己做得到底如何。

于是，我建议 T 先生做香气正念冥想。我用葡萄柚精油引导他做香气正念，然后进行 5 分钟的正念冥想。

如今，两年过去了，听说 T 先生还在家里继续坚持着香气正念冥想。

有香气的话，会更容易体会到。感受香气从鼻子到胸部、再到腹部的感觉，就能够抓住并领会某些东西。呼吸更容易把握了，只需跟随香气就可以，而不必担心"我做得对吗"之类的。还有，呼吸也加深了。香气从鼻子进入后，以前只是停留在口腔深处，接下来不知道应该让它去向哪里，现在想象它到达腹部就可以了。确实，这样让人感到更加放松、更加享受。这是全新的感觉，美好的香气让人心情愉悦，也让人内心非常平静。

疗愈实案 5
减少焦虑、提升专注力的薰衣草香

  40多岁的 I 女士是一名自由撰稿人。好奇心旺盛的她不断挑战新的领域，再加上活泼开朗的性格，不管是工作还是生活，她每天都过得很充实。基于长期自由职业积累下来的经验，她的时间管理做得非常细致而周密。

  多年的耕耘结出了硕果。最近，让她不忍拒绝的吸引力很大的工作纷至沓来，有些工作甚至在她时间表非常紧张的情况下也被承接了下来。因此，当时间有冲突的时候，她连喘口气的时间也没有，有时甚至会陷入绝望的境地。现在她的体力还不错，所以到目前为止都能勉强度过紧急关头、应对混乱的局面，但她深深地感到，在焦虑中工作绝不是一件愉快的事情。I 女士表示，她之前听说过正念冥想，但没有实际体验过。

　　我特别喜欢香气，也学习过很多与香气的成分和材料相关的知识，但我竟然不知道应该怎样去闻香气，这让我感到惊讶。

　　在香气正念中，我感觉香气到达了比以前更深入的地方。我之前没做过正念冥想，无法比较香气有无的差别，但闻着香气是很开心的事情，所以我很有动力去做香气正念冥想的练习。要是没有香气的话，我可能就不会去做了（笑）。

　　每天早上在开始工作前，我会先练习10～15分钟的香气正念冥想。有时如果时间不够，我就只闻闻薰衣草香气。从开始练习到现在过了两周时间，我每天都是这样做的。做香气正念冥想已经成为一种习惯。甚至在乘电车的时候，我都感觉能看到以前根本注意不到的细节了。

　　即使在很忙很忙的时候，我也可以专注于当前需要处理的一项任务，而不是想着堆积如山的工作焦虑不已，自己变得更加从容了。"这个也要做，那个也要做"的焦虑杂音减少了，我可以专注于眼前的工作了。

疗愈实案6
用身边的香气唤醒身心最佳状态

G先生五十多岁，是一名公司职员。他被公司派往外地工作，每月飞回家一两次，同妻子和两个孩子共度周末。

我并不讨厌自己的工作，但作为管理人员，我必须非常小心谨慎。多年来，我常常感到抑郁、心悸，有时还会胸痛，后来我被诊断出患有情绪障碍。从那时起，我开始服用药物并接受心理治疗。我意识到了自己的思维习惯和沟通方式存在的问题，症状得到了很大的改善，现在正在尝试减药。但有时发生一些事情之后，我的心情还是久久不能恢复平静。周末一个人的时候，我很难调整自己的情绪。我回想着发生的事情，一整天都躺在那里，什么家务也做不了，而这种状态又让我感到格外沮丧。我陷入了这样一个恶性循环中。

我引导G先生做了香气正念。他看起来非常放松，还笑着说："我想在家里和公司里也试试。"

有一天，G先生告诉我，他现在常去的医院每周都举办正念冥想讲座，他想跟主治医生商量，也去参加这个讲座。他得到了主治医生的允许。在参加了三次正念冥想讲座后，G先生说："我觉得正念冥想很好。我想在下班后和周末也练习，而不只是在每周的讲座上练习。可是，一个人做的话总是做不好。"

于是，我提议让G先生体验香气正念冥想。体验过后，G先生当即表示出兴趣："有香气的话，不仅更容易理解了，还能很快放松下来。这种方式很有趣，也更能让我集中注意力。"

从那以后，G先生几乎每天都在家里使用身边的香气练习正念冥想。有一天，他微笑着告诉我："虽然不知道是什么在起作用，但现在是我近几十年来状态最好的时候。使用香气做正念冥想很有趣，所以我还在继续练习着。"

第 1 章总结

香气会影响情绪。

感受香气的诀窍在于呼吸和意识的运用。

首先，通过香气腹式呼吸做准备。

然后，通过香气正念去感受香气。

习惯之后，开始香气正念冥想。

香气正念和香气正念冥想协同作用，能够提高利用香气
调节情绪的能力。

第 2 章

AROMA &
MIND
FULNESS

香气与情绪的

科学对话

莫名愉悦的真相

　　某天傍晚，一位近四十岁的男咨询师来到我的咨询室后说道：

　　真好闻啊！这是什么香气？你知道男人一般不太在意这些，我的办公室里只有书写用具之类的。我平时好像只关注那些接待客户用的必需品。

　　我的咨询室布置得很简单。每个人对气味的喜好不同，空间又小，所以我不会在房间里放置芳香剂或香熏。他闻到的，大概是刚刚离开的来访者在咨询中我使用的香气吧。

　　他稍微伸了个懒腰，说道：

　　不知道为什么，心情真好！

　　我们都是从早晨就开始忙碌，到开会时已经接近下班时间，身心都感到相当疲惫。在劳累了一整天后，开会时就算是漫不经心，或者只是简单确认一下必要事项也并不奇怪。但他仍然保持着幽默和稳定的状态，凭借不偏离本质的专注力和分析能力，高效地完成了一个小时的会议。

　　我想，在他嗅到香气，心中涌起"心情真好"的愉悦感，并不由自主地伸了个懒腰的那一刻，这股积极的情绪已悄然为接下来的会议铺垫了良好的氛围。正如后续将要深入探讨的——**脑科学与生理学的最新研究成果揭示，气味拥有在瞬间触动情绪，进而以微妙而难以捕捉的方式左右我们的行为与思维的神奇力量。**

　　随着人们对气味潜能的认知日益加深，或许在不久的将来，气味将成为如同他口中所述的"交谈时不可或缺的元素"，自然而然地融入我们的日常生活，成为提升沟通效率与质量的得力助手。

气味在不知不觉中影响情绪

气味就在我们身边。

但气味到底是什么呢？

我们依赖五感来接收并理解外界的信息，这五感分别是：视觉——通过眼睛观察，听觉——通过耳朵聆听，触觉——通过皮肤感受，味觉——通过舌头品尝，嗅觉——通过鼻子嗅闻。

在嗅觉的范畴内，我们区分了不同类型的气味。那些能够引发愉悦感受的气味，我们通常称之为"香气"；相反，给我们带来不适感受的气味则被称为"臭气"。我们在不带有任何主观评价的情况下提及这些气味时，简单地称之为"气味"。在撰写本书的过程中，我也遵循了这一原则，力求准确、客观地描述各种气味及其所带来的感受。

嗅觉直接通向情绪开关

嗅觉具有不同于其他感觉的特性，这一点我将在第 4 章详细介绍。嗅觉直接把信号发送到被称为"边缘系统"的大脑部位。边缘系统是大脑中与情绪、情感和记忆相关的部位。与视觉和听觉等不同，**嗅觉不经过意识，直接影响人的情绪、情感和记忆。**

你是否有过这样的体验？在人来人往的街头因为某种气味而回过头去，或者在闻到空气里飘散的香甜气味后幸福感倍增……在弄清楚那是什么气味又源自何方之前，我们的情绪就发生了变化。即便不知道它是什么，**气味也会触发情感，影响情绪，引发瞬时行为。**

相比之下，其他感官体验，如视觉，往往需要我们先进行认知识别："这是什么？哦，是我高中体育节时穿过的衣服。"随后，我们才会被唤起"真是令人怀念啊"的情感反应。

上面提到的同仁，那位男咨询师，他在开会前感叹道："不知道为什么，心情真好！"他还没弄清楚这是什么气味，就在不知不觉中伸了个懒腰。可以说，是嗅觉促使他做出这样的行为的，气味影响了他的情绪，从而引发了他的这个行为。

不要被情绪左右，要学会利用情绪

我们的生活在多大程度上受到情绪的影响呢？

- **热情高涨地工作**

  不情不愿地工作

- **兴致勃勃、积极参加的聚会**

  无精打采、勉强自己参加的聚会

试想一下，在哪种状态下我们会表现得更好呢？

保持哪种状态才会让生活过得有声有色呢？

人们的表情、言语与行为均随着情绪、意愿及动机的波动而变化。当情绪与当前情境相契合时，事情往往能更为顺畅地进行，个人表现也会更为出色，避免了因犹豫不决或烦躁不安而产生不必要的能量损耗。

让情绪适应当下的状况

若能巧妙地调整自己的情绪以适应当前的环境，这难道不是一件很棒的事吗？

值得注意的是，让情绪与现状相协调，并不意味着要强行**压制或隐藏**厌烦等负面情绪，更不代表要**抑制**自己不去产生那些不受欢迎的情绪。这两者之间存在着本质的区别，理解这一点至关重要。

请静心体会自己当前的情绪状态，不妨尝试将其记录下来。在细致感受此刻情绪的过程中，你可能会发现，心中交织着多种难以精确描述或归类的情绪。

情绪宛如一个色彩斑斓的光谱，既非一成不变，亦非单一纯粹。它包含着表层与深层的多样面貌，且往往并不统一和谐。**情绪来来去去，具有暂时性。**当心情低落时，人们容易将情绪与自我等同起来，视自己为某种情绪的化身，比如感到焦虑时就认为自己是个焦虑的人，并急于摆脱这种情绪。然而，与积极向上的人共度美好时光后，情绪又会随之改变。因此，重要的是要认识到**情绪是流动的、可变的，它与自我的本质并非一回事。**

学习利用情绪

无论是在职场工作中，还是在人际交往里，总会存在一种与当前情境相契合的"恰当的情绪"。然而，我们有时也会有"现在不想干这份工作"或"此刻不想与人打交道"的念头。事实上，即便在这种情况下，那种"恰当的情绪"仍旧潜藏于我们的内心深处。若能将其从深层挖掘并提升至表层，视之为"当前自己最需要的情绪"加以利用，那么，我们的生活将会变得更加顺畅、更加惬意。

"喜怒无常"这个词很少用于正面评价。如果一个人的工作表现和日常言行等容易被情绪左右，那么他应该不会被认为是一个专业人士或成熟的成年人。

所以，我们不要被情绪左右，要学会利用情绪。

在心理学领域，情绪与情感被视为推动个体行为的能量源泉。 焦虑和恐惧会导致歧视和骚乱，痛苦和悲伤会成为社会变革的催化剂；而对未知事物怀揣的热情与感动，则是文化发展与创新的强大驱动力。因此，我们要掌握情绪调节的方法，学会巧妙利用情绪的正向价值，在生活中多做对己对人有益的举动，同时避免因情绪失控而产生不良行为。

当你学会调节情绪后

日本总务省[1] 2017 年的一项调查显示，在 25 岁至 59 岁的日本女性中，超七成的人投身社会职场。当下，不管是男性还是女性，都面临着既要照顾孩子与老人，又得兼顾工作和生活平衡的局面。与此同时，工作方式与业务形态也在持续演变，通过多种媒介处理大量信息来推进项目的情况已经变得越来越普遍。

虽然专注于单一任务并通过持续积累最终取得成果的重要性依然不减，但当今时代对个体的要求已远不止于此。现代社会期望人们能够灵活适应多重角色，并具备同时处理多项工作的能力。这无疑是一个强调多任务处理能力的社会趋势。"要做的事情太多了。每天忙于完成各种任务，每件事都做得不够好。""我也知道需要休息，可是一旦停下来，就不知道该怎么恢复状态了，所以自己一直在埋头苦干。"我常常听到人们诉说这样的苦恼。

1　总务省是日本中央省厅之一，其主要管理范围包括行政组织、公务员制度、地方财政、选举制度、情报通信、邮政事业、统计等。

要想在专注于当前任务的同时自如地在不同角色和工作内容间转换，并始终保持优异表现，关键在于同时具备以下两点能力：

- 能在短时间内调节情绪

- 能专注于眼前的事情，把一件事彻底完成

所以，掌握调节情绪的方法是非常有必要的。**香气正念**就是这样的一种方法。

当你学会调节情绪后，你将发生以下变化。

苦恼 ➡	变化
拖延、懈怠	快速、高效
生活单调，缺乏活力	张弛有度，切换自如
闷闷不乐，愁眉不展	接受现实，吸取教训
容易半途而废	能够坚持到底
不能持续专注于一件事	专注、休息两不误
心情容易烦躁	好心情变多了
容易感到厌烦	能发现好的一面
不善于倾听	能够认真聆听
容易胆怯	勇于挑战
对周围环境被动做出反应的生活方式	充满创造性、积极主动的生活方式
做出攻击性的反应	平静地接受
不理解自己的感受	能够认识和体会自己的情感状态
隐藏自己的情绪	能够有效地传达自己的情绪
不能体谅别人的心情	能够理解和共情他人
时间被浪费在不必要的事情上	能够珍惜重要的事物

避开情绪调节陷阱，小心 "白熊效应"

心情总是很差。

老是没完没了地想那些想也没用的事。

当心头浮现不愉快的事情时，你是否也会陷入其中、无法排解？

你渴望迅速摆脱那些烦恼，调整好情绪，将注意力集中在令人愉悦和应该做的事上。然而，无论你怎么尝试，那些烦恼就像顽固的阴霾，久久不肯散去。

在这个时刻，你是否正在竭力压制自己 "不要想那件事" 或 "尽量不去想它" 呢？

接下来的 1 分钟，你的心里可以想其他任何事情，唯独不能想白熊。好，开始！

我看着秒针计时……现在请你告诉我，你在想什么？

你的脑海中是否浮现出了**一只白熊**？

你越努力不去想某件事，就越有可能想到它。

这种现象被称为**讽刺过程理论**，该理论因美国心理学家丹尼尔·韦格纳做过的**白熊实验**而闻名。讽刺过程理论认为，你越是试图不去想某件事，你就越无法将它从你的脑海中抹去。

"以后不喝酒了""以后不吃甜食了"，这样一想，酒和甜食反而愈加在心里挥之不去，这就是讽刺过程理论的一个现象。

这也就是说，越是想摆脱某个念头，那个念头就越会浮现出来。就像答非所问一样，**你努力控制自己"不要在意它""不要去想它"，实际上是在帮助那个关于"它"的念头持续下去。**

放弃这种努力，试着用身体去感受让你心情愉悦的香气吧。

香气正念的五维调节模型 🐝

接下来，我将从理论的层面对第1章里的香气正念进行说明。

香气正念是从以下5个维度来促进情绪调节的。

从香气中接收的信号到达大脑，对身心产生影响

香气对情绪和情感有着直接的影响。即便我们不清楚气味的具体来源，它也能引发我们情绪和生理上的变化，进而左右我们的行为，这便是气味的独特之处。至于气味的具体作用机制以及嗅觉的生理学原理等内容，我将在后续的章节中展开详细介绍。

用腹部感受香气，腹式呼吸使情绪平静下来

在进行香气正念练习之前，有一个香气腹式呼吸的引导练习部分，它巧妙地借助香气的力量辅助我们学习并掌握腹式呼吸的技巧。腹式呼吸是一种有效的放松方法，能够

帮助减轻焦虑和过度兴奋等不适感，引导我们进入一种平和而稳定的情绪状态。呼吸的基本原理以及腹式呼吸的详细练习方法，我将在后面章节做进一步的详细介绍。

感受香气使意识专注于当下

香气是通过每一次当下的呼吸被传送的，因此，全神贯注于香气能够促使我们的意识聚焦于"此刻"。这种做法实际上是一种技巧，它帮助我们将意识从对过去事件的回忆或对未来情况的忧虑中抽离出来，转而专注于当前的瞬间。这种对当下的专注状态被称为**正念**。近年来，它在心理学、冥想、治疗等多个领域受到了广泛的关注和研究。

使变化上升到意识层面并保留新情绪

情绪就像光谱一样，是在不断变化的。而且，有的情绪隐藏在深处，并不易察觉。我们通过感受香气带来的身心变化，可以使自己摆脱当前情绪的束缚。此外，通过关注自己的新情绪和内心的声音，还可以使新的情绪和觉察上升到意识层面，并保留在意识中。

香气、意象与心理疗法相结合，探索内心深处的成长之旅

香气让人联想起心理学所说的"心象"，也就是用语言难以名状的意象，从而引起情绪和身体的变化。随着对香气体验的逐步深化，它所带来的意象也会变得更加生动鲜明。当这种体验达到更深层次时，人们甚至可以开始体验到**意象的自主功能**，比如与意象进行对话、意象开始自主活动等。意象的自主性是意象疗法中一个重要的概念，是以临床心理学为依据的。

将意象疗法（一种深入探索内心深处不易察觉领域的对话方式）与艺术疗法（一种利用身体感觉进行表达和治疗的方法）相结合，可以为个体提供一个全新的视角，促进更深层次的自我发现和人格成长，而不仅仅是停留在情绪调节的层面。要使香气意象疗法（一种利用香气引发的意象进行心理治疗的手段）和艺术疗法发挥出最佳效果，需要专业的知识和技术。本书选取了一些容易实践的方法，将在第 3 章进行简单介绍。

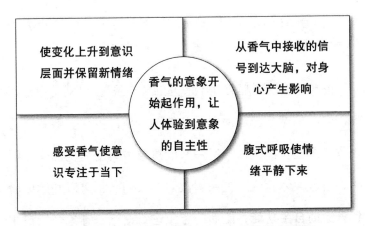

使变化上升到意识层面并保留新情绪

从香气中接收的信号到达大脑，对身心产生影响

香气的意象开始起作用，让人体验到意象的自主性

感受香气使意识专注于当下

腹式呼吸使情绪平静下来

通过感受香气的呼吸法，从五个维度调节情绪

疗愈实案7
家常饭菜香唤醒创业者的蓬勃能量

　　四十多岁的Y先生从工作了20年的公司辞职，搬到一个山清水秀的地方，开启了自己的第二人生。Y先生在这里创业，销售当地特产。一个多月过去了，销售生意并没有任何实质性的进展，Y先生对此感到很焦虑，担心自己就这样在玩乐中荒废度日。

　　在搬离大城市之前，Y先生是写字楼里的一名公司职员，日复一日地沉浸在繁忙的工作中。所以，他离开都市后，渴望能够悠然自得地生活，享受悠闲时光，这是人之常情。想要生活尽早步入正轨的焦虑心情固然可以理解，但这种焦虑往往会转化为精神压力，妨碍他真正放松下来。Y先生内心不断催促自己"快去工作"，这样的声音让他难以获得内心的平静与放松，这显然不是一个理想的状态。

　　我对Y先生解释说，他现在想要放松休息的心情是身体自然的需求，并建议他在接下来的两周时光里，完全按照自己的意愿去行事，尽情享受这份自由。此外，我还特别提醒他，在此期间，要用心感受食物的香气，哪怕每次只有三分钟也可以。

两个月后，Y 先生又来到咨询室。他告诉我，他已经渐渐找回工作的状态了。而我也确实感受到了他身上的变化。一年后，他又微笑着对我说，直到现在，他还在用心感受着食物的香气，终于体会到了以前上班时从未感受过的幸福。

创业之路充满挑战与艰辛，它要求创业者投入巨大的精力和持续的努力来推动事业的发展。尤其对于初创期的创业者而言，他们常常整日埋首于工作之中。从身心健康的角度来看，这样的工作状态极易使他们陷入过度疲劳的境地，因此，保持身心健康、避免过劳就显得尤为重要。值得庆幸的是，Y 先生已经掌握了利用食物香气来调节情绪的方法，这无疑为他保持身心健康提供了有力的支持。

乡村生活的琐碎事务远比我想象中要多，而且与在城里上班时不同，这里的大小事务都需要我亲力亲为，相当耗时。因此，我发现自己比预期中更加忙碌，几乎抽不出时间去亲近大自然。然而，一个令人欣慰的变化是，我每天都能沉浸在家中餐桌上的饭菜香以及新鲜采摘的蔬菜的清新香气中。随着时间的推移，我逐渐感受到了身体的放松与舒适。每当这些香气扑鼻而来，我的内心便涌动起一种在都市职场生活中从未体验过的幸福感。

疗愈师手记　咨询室里的香气陪伴原则

你做过心理咨询吗？

在欧美的电影或电视剧中，我们常常能看到夫妻或个人因恋爱、婚姻、生活及工作等种种烦恼，而求助于心理咨询师的情节。这在日剧中很少见到，也许心理咨询在日本还不是很普遍。

心理咨询是一个与日常生活有些距离的专业领域，它始终将保障来访者的安全与利益作为首要原则。咨询师根据来访者的目的，使用语言和非语言信息，向来访者提供必要的心理知识和心理治疗。

来访者的需求形形色色、各不相同，我们从未遇见过需求或情况完全一致的两个人。此外，咨询室中流淌的时间也仿佛与众不同，每一刻都在不断流转与变化。在这样的氛围中，来访者与咨询师共同分享着那些瞬息万变的时光以及深藏内心的真挚感受。

心理咨询是活的，是充满创造性的地方。所以，**困扰你**

的问题并不会与本书中介绍的案例完全相同。此外，香气并非一把能解决所有难题的万能钥匙。在某些情况下，不借助香气，反而对来访者而言能达到更好的效果。

不过，生活中美好的香气无处不在，一旦你留意到这一点，就会发现令人愉悦的芬芳其实近在咫尺。无须刻意寻觅或费力追求，你便能全身心沉浸其中，尽情感受美好香气带来的幸福与喜悦。

香气对情绪和情感有着直接的影响。然而，若以探究的心态去接触香气，往往难以察觉到情绪上的微妙变化。这是因为，既有的观念会主导我们的感知，而身体中的记忆也会左右我们对气味的解读。因此，建议从那种先入为主判断"这是什么香气"的习惯中解放出来，让身体自由地沉浸于香气所带来的独特体验之中。

第 2 章总结

人是有情绪的，

情绪影响言行举止与外在表现。

气味"在瞬间、在不知不觉中"影响情绪。

这是气味的特性。

学会用气味去调节情绪，

就不会被情绪左右，

就可以利用情绪提升表现。

香气正念的五维调节模型。

第 **3** 章

AROMA &
MIND
FULNESS

香气心理学

了解气味体验

本章将深入探讨**气味对心灵产生的奇妙作用**。比如，为何使用香气能更有效地利用情绪？气味与情绪有何联系？另外，本章还将介绍利用香气影响心灵的方法以及与心灵对话的方法。

本章将融合相关学术研究与心理学理论进行阐述。你可能会觉得理论性和说明性的内容有点多，所以，为了让这些知识更贴近你的生活实践，我特意穿插了一些生动的真实案例，并提供了一系列易于操作的实用方法。

情绪与认知、行为、身体相互作用

气味会在不知不觉中，**瞬间对情绪和身体产生影响**。这一点在上文也提到过。

这个很香。闻到好闻的香气，情绪确实可能会改变。但就算情绪改变了，烦恼依然没有解决啊，它还是摆在那里。即使瞬间改变了情绪，但现实没有任何变化啊！

也许有人会这样说。

确实，香气拥有调节情绪的力量，却无法直接改写现实的面貌。然而，一旦情绪得以转变，人们眼中的世界也会随之不同。当心灵沐浴在愉悦之中，我们对现实的视角会发生微妙的变化；精神振奋之时，我们更倾向于探寻解决问题的途径；而一旦心境豁然开朗，那些我们曾经紧抓不放的执念，也能自然而然地被放下了。

当前的心情犹如一副有色眼镜，透过它，我们观察世界、采取行动，无形中给现实镀上了一层主观色彩。情绪并非孤立存在，根据心理学的观点，**情绪（或情感）、认知（我们的思维方式）、行为（日常活动与反应）以及身体状况（包括生理感受如疼痛等）是相互关联的。**

疗愈实案 8
植物和食物香气陪伴下的自我突破

　　我在芳香疗法的工作坊中认识了 T 先生。T 先生五十多岁，因精神疾病而停职休假。起初，他在面对香气时显得有些困惑，但在我反复引导他使用植物和食物等日常香气练习香气正念之后，他已经能够体会到香气可以改变情绪和身体感觉了。

　　有一天，T 先生向我透露，他正在家中实践从医院学到的认知行为疗法。认知行为疗法作为一种心理治疗方法，旨在引导患者调整对现实的认知角度及观念，识别并纠正不良的思维模式，进而改善其情绪反应与行为模式。该疗法通常通过小组互动、心理咨询等形式，让患者接触并理解他人对事物的不同看法，或是借助工作手册等工具，帮助个体自我觉察其思维模式。而 T 先生采取了一种独特的方法——利用香气的力量来辅助他改变对现实的感知。

　　我一直觉得，意识到自己的思维模式是很难的一件事。因为很容易就能意识到的话，我就不会变成这样了。我想改变自己的想法，想要从不同的角度去看问题，但哪有那么容易？而我在心情愉悦地感受香气之后再去接受认知行为治疗，就能够从不同的角度看问题了。我惊讶地发现，啊，原来还可以这样想啊！于是我开始意识到，自己的思维方式其实遵循着一种固定的模式，不自觉地就会落入既定的思维框架和认知滤镜之中。如今，我已有所觉悟，认识到每一件事物都存在着我所能直接观察到的部分，以及那些我未曾察觉的层面。当面对来自不同视角的观点时，我学会了开放心态去接纳和理解，不再局限于自己的原有认知。

　　不过，就算能够意识到，但付诸行动还需要很大的努力和勇气。在这个过程中，我找到了一个独特的方式来激励自己——通过感受美好的香气来增强内心的信念。"感觉自己能做到"和"感觉自己做不到"之间有着巨大的差别。我觉得，如果你现在认为你能做到，你就能得到你想要的未来。

科学证明气味可以改变行为

尽管现实不会单纯因为嗅觉体验而直接改变，但个体的实际行为却可能在不经意间受到周围气味的影响。一项在美国商场进行的实验生动地揭示了这一点：实验者请求购物者协助兑换纸币或捡起掉落的圆珠笔，以此统计愿意提供帮助的人数比例。

结果揭示，大约 20% 的参与者在没有特定环境因素干扰的情况下提供了帮助。然而，在特定情境——靠近甜品店的区域，这一比例显著提升至接近半数。这表明，当人们在散发着诱人甜香的店铺周边时，他们更倾向于表现出友善的行为。

闻到香甜的气味后，人的情绪变得更加愉悦，就更容易善待他人。这在心理学中被称为**情绪一致性效应**。这种现象表明，**当人们处于积极的情绪状态时，他们更可能做出正面的评价与决策，更愿意伸出援手，展现出对他人的善意，帮助他人。**

此外，其他研究也证明了**一个人处于消极的情绪状态时，更容易关注自己的内部；而一个人处于积极的情绪状态时，则更容易关注外部。**我们可以这样解释：甜品店香甜的气味让人们的情绪处于积极的状态，于是，人们就更有心情关注外部的事物，从而做出帮助他人的行为。

气味可以改变行为与认知，从而有可能改变现实

你的情绪状态与你的认知过程、行为模式以及身体状况紧密相连、相互影响。作为社会性生物，我们并非孤立存在，而是生活在相互交织的社会网络中。因此，你的行为变化不仅影响着你自身，还会波及周围的环境，而环境的改变最终构成了你生活中的现实。

气味作为一种强有力的感官刺激，具有调节情绪的强大能力。而情绪的变化，又能够驱动行为的转变。换句话说，**气味可以改变行为与认知，从而有极大的可能改变现实。**

气味可以唤醒记忆

　　将玛德琳蛋糕放入口中的那一瞬间，已经忘却的记忆突然复苏了。

　　这是马塞尔·普鲁斯特所著的《追忆似水年华》（*À la recherche du temps perdu*）中描写的一个场景。主人公把混在红茶中的一小块玛德琳蛋糕含进嘴里的一瞬间，在口中扩散的香气和味道让主人公的身体为之一振，瞬间唤醒了他对过去的回忆。这被称为**普鲁斯特效应**，它描述了气味与记忆之间的紧密联系。

　　我在咨询中引导来访者做香气正念时，有时会遇到来访者流出眼泪的情况。有不少来访者表示"很惊讶自己竟然流出眼泪""我不知道自己为什么会流泪"。

　　嗅觉不需要经由大脑的思考与判断，**直接刺激杏仁核，这是大脑中负责情绪记忆的部位**。与能够描述出来的情景记忆不同，情绪记忆很难用语言去描述，它更像是一种伴随身体感觉的记忆。

开始下雨的气味总让人很怀念，让我感到格外放松。

闻到这种香气后，一种难以名状的感觉涌上心头。

正如这般，气味拥有着唤醒人们那些难以言表、伴随着身体感受的记忆的魔力，同时也能激发内心深处某种潜藏已久的情感涌动心间。

闻香流泪

闻香流泪并非坏事。哭泣可以刺激人的副交感神经，缓解人的压力和焦虑，**使人的身心得到放松**。同时，哭泣也是一个为情感提供空间、接纳某段经历的过程。有些人将参加"流泪活动"作为**哭泣疗法**融入日常生活，主动给自己留出哭泣的时间。

需要注意的是，如果某种香气让你回想起一些非常压抑的强烈记忆，使你出现身体颤抖或呼吸心跳紊乱等情况，建议立即停止感受香气。这种情况请咨询心理健康专家。

气味的习惯建构密码

气味与其他感官体验紧密相连，共同编织成记忆的网络。因此，它能够作为独特的符号，唤醒那些与其他感觉紧密相连的珍贵记忆。当香气与个人的体验多次重合后，这种关联就会在记忆中深深扎根，使香气本身成为一个强有力的符号。了解并善用这一特性，我们可以巧妙地将香气融入日常生活之中。

睡觉前用喜欢的香气练习香气正念，反复数次后，这种香气就成为舒适睡眠体验的符号，之后只要闻到这个**气味符号**，你的身体就知道该睡觉了。工作结束后用喜欢的香气练习香气正念，反复数次后，这种香气就成为宣告工作结束的**气味符号**。

就像这样，用香气作为符号可以帮助你养成习惯。这里所说的习惯，是指不经过大脑思考的条件反射式的行为和状态。

随着多样化工作模式的兴起，线上居家办公变得越来越普遍。然而，有些人不能很好地处理工作环境与家庭环境之间的转换，很难在工作模式与休息模式之间自由切换，导致做事拖延、迟迟不能进入工作状态，还有一些人在工作结束后也无法体会到放松感。有些没按传统模式去外面上班的人假想自己上班和下班，在自家附近散步5分钟，试图用这样的方法来切换模式，但由于工作和休息都在同一个空间，休息时脑海里也容易总想着工作，从而对睡眠产生影响。像这种情况，我也建议使用气味符号的方法进行模式切换。工作结束时，可以在房间里喷洒芳香喷雾，久而久之，这股独特的香气就能成为一个强有力的信号，帮助你从工作模式顺利过渡到休息模式，实现身心的真正放松。

气味符号带来体验性印象

由气味符号所触发、伴随着身体感受的记忆，会生成关于气味的独特印象，这些印象在心理学上被赋予了一个专有名词——气味的心象。香水文化与芳香疗法正是巧妙地运用了这些气味心象，使其在日常应用中发挥出了独特的魅力。

　例如，人们总是说，玫瑰代表了有身份之人的优雅风范。这种深刻的印记式记忆，使我们一闻到玫瑰的香气，便不由自主地联想到富裕阶层的优雅与高品质生活方式。当我们在自己身上喷洒玫瑰香水时，这股香气便成了一个气味符号，它促使我们在言谈举止中不自觉地与之相契合，努力展现出与玫瑰所代表的优雅风范相匹配的气质。再如，提到柑橘类水果，我们通常会想到温暖的气候、在阳光下生长的树木、橙色果实、酸酸甜甜、活力满满、新鲜水灵……一闻到这种香气就神清气爽、心情舒畅的人，可以在需要的时候使用柑橘香作为气味符号。

　当你利用香气来调节当前所需的情绪状态时，你会根据这个气味符号所唤起的体验性印象来挑选合适的香气。例如，在人际交往中选择能带来平和心境的香气，而在需要强化逻辑思维时，则可能偏好能激发敏锐思维状态的香气。这些选择并非随意为之，它们深受你从胎儿时期起就逐渐积累起来的气味符号的影响，这些记忆深处的气味印象在你选择香气时发挥着潜移默化的作用。

从气味符号接收到的信息没有正确答案

气味与各种感觉相互交织，深深印刻在人们的记忆中。对有些人来说，这些记忆中的感受尤为细腻而深刻。比如，有人曾在过节时和家人围坐在温暖的火炉旁品尝橘子，当再次闻到柑橘的香气时，立刻就能回想起家人团聚的温馨场景，心中涌起一股暖意。又或者，有人在攀登山顶后品尝橘子，那时柑橘的清香让他感到格外清新和愉悦，心中充满了成就感和满足。有一次，我让一位四十多岁的来访者 R 女士闻了橙皮的香气，她的反馈是：

我不喜欢这种气味，我觉得这是一种很虚伪的气味。

据 R 女士说，她对"活泼爽朗的人"有一种排斥感，她更喜欢和与之相反的"有深度、能平静交谈的人"共度时光。也许对于 R 女士来说，橙皮的气味和对活泼爽朗的厌恶感联系在了一起。在得知这是橙皮的气味后，R 女士说："我听说橙子的香气会让人神清气爽、感觉温暖，但是，我闻了这种香气后，既没有神清气爽，也没有感觉温暖，我这样是不是不正常？"

再次强调一下，对于气味的体验是有个体差异的，与气味相伴的记忆也因人而异。因此，香气正念给每个人带来的身体感受绝不是完全相同的。气味体验是极具个人化和独特性的，每个人对气味的感受都不尽相同。这种独特的嗅觉体验及其带来的差异性感受，恰似每个人生活轨迹的独特印记，无声地诉说着我们各自的故事与经历。**它不仅是感官上的享受，更是个人身份与过往生活的一种深刻体现，是我们存在于此的证明。**

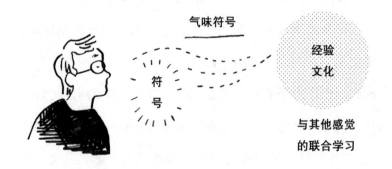

疗愈实案9
柠檬香打造的移动静心空间

二十多岁的 K 女士在乘电车时会感到呼吸困难，因此乘电车去上班对她来说是很痛苦的一件事。在咨询室里，我首先引导她做了放松练习。

闭上眼睛，感受身体的放松。这时候我一般不使用香气，只用语言去引导意象，但由于 K 女士很喜欢香气，所以，我决定使用香气正念。

首先，由她本人选择一种自己喜欢的香气，如柠檬香，然后，我通过香气正念引导她获得放松的感觉。经过几次这样的练习，她逐渐在香气与身体放松的感觉之间建立起了紧密的联系。也就是说，我们已经做好准备，可以利用气味作为符号（气味符号）来放松身体了。

接下来，我让 K 女士在咨询室中做这样的练习——想象自己正在乘电车，同时，感受由气味符号带来的身体放松的感觉。当她熟练掌握了这项技巧后，她就可以尝试在实际乘坐电车时，运用之前练习的气味符号来放松自己。这个气味符号能够唤起她的情绪记忆，使身体自然而然地进入放松状态，从而使她乘坐电车时越来越安心。随着越来越多次地成功运用气味符号获得安心的乘车体验，K女士逐渐发现，即使没有气味符号的辅助，她也能够轻松地乘坐电车了。

我认为香气宛如一种魔力般的存在。通过香气正念练习，将喜爱的香气缓缓吸入体内，这种体验让我领悟到，在感到不适时，只需简单地实践腹式呼吸，便能迅速达到放松的状态。我现在也能以更加从容的心态面对乘车的不适感——如果真的感到特别难受，下车就可以了。虽然偶尔我还是会对乘坐电车感到些许恐惧，但这时我会选择换乘其他交通工具，或者在乘坐电车时将装有香气的物品放在包里。我并不需要真正取出香气来嗅闻或使用，仅仅知道它在那里，就能给予我极大的安慰，让我极为安心。

气味传达的重要信息 🌿

气味如同一种独特的信息载体，为每个人勾勒出各不相同的记忆与故事。与此同时，生活在同一地域的人们，又能通过气味这一共通的语言，共同体会和感受四季的更迭与变迁。

- 早春时节，寒意渐消，暖阳融融，梅花的清爽甜香扑鼻而来。

- 新绿之际，惠风和畅，日光闪耀，嫩叶的新鲜香气沁人心脾。

- 初秋到来，烈日不再，天朗气清，丹桂的甘美芬芳随风飘散。

接收到这些气味传达的信息后，我们就会意识到季节的变换，调整生活方式、饮食和衣着，来更好地适应当前的气候。

有时，我们可能会无意识地从气味中接收信息，比如，人的气味。

人体散发的气味是一种无声的语言，能够微妙地揭示一个人的特质。化妆品与家居用品的气味，往往映射出一个人的品位、生活态度以及是否与他人共享生活空间；而皮肤自然散发的气味，则可能透露出个人的饮食习惯、健康状况乃至年龄等私密信息。由于我们对自己的气味已习以为常，往往难以察觉这些气味究竟向外界传达了怎样的信息。

生物的气味信息传达了什么

雌性动物在月经期和排卵期会产生不同的气味。你是否曾在动物园或其他地方见过雄性动物根据雌性的气味信息做出求偶行为？**身体散发出的气味，会随生理状态而变化。**气味信息可促成不同个体之间的交流。

当情绪发生变化时，身体会出现生理反应。也就是说，喜悦、焦虑或紧张等情绪会引起身体的生理变化，如影响汗腺和内分泌系统等，从而使体味发生改变。人们在日常生活中，无意识地接收着这些由情绪引发的体味变化，以此来感知他人的情绪状态，洞察周围环境的氛围，从而形成一种嗅觉层面的交流方式。

此外，当压力荷尔蒙水平升高时，人体会产生某些物质，这些物质会以汗液的形式出现在我们的手脚上。因此，可以说手脚在这种状态下散发出的气味，正是**压力**的一种直观体现。2018 年，资生堂在压力气味研究方面取得了重要发现，明确了人们在感到有压力时所产生的气味中的两种成分。据说，当人感觉到有压力时，会散发出类似硫化合物或大葱、洋葱的气味。人们知道这个发现后，开始担心自己可能会有大葱味儿，便想用除味剂或香水来掩盖气味。但实际上，如果不是有特别大的压力，这种气味就不会很强烈，人应该是感觉不到的。因此，比起试图掩盖气味，也许**学会情绪调节和压力管理更有意义**。

人们都说狗可以分辨出喜欢狗的人和不喜欢狗的人。狗在嗅闻人类的气味时，往往会特别关注对方的手部。据说，狗就是以这种方式来分辨人们是否爱狗的。

喜欢无味的日本人

在当今的日本，比起气味的好处，人们似乎更加聚焦于其可能带来的负面影响。日本民众普遍偏好无气味的事物。在日本文化中，优雅被视为一种高尚的品质，而过分彰显自我或过度表达则被视为不合时宜之举。再加上日本人高度的卫生意识和神道教的影响，日本人对清洁有着强烈的追求。有气味表明"存在细菌"，无味则成了"清洁的标志"。

另外，有一部分人患有化学物质敏感症，他们声称气味可能对其健康构成威胁。还有一类被称为有"体臭恐惧症"的患者，这类人极度**担忧**自己会散发出难闻的气味。化学物质敏感症患者往往容易与周遭环境产生摩擦，由于难以得到他人的理解，他们可能会感到愤怒、痛苦，甚至逐渐封闭自我、变得孤僻。而体臭恐惧症患者通常对社交场合感到焦虑，表现出避免与人交流的倾向，这种心理状态影响了他们的正常社交活动。

了解到气味能够揭示自我与他人的情绪状态及传递特定信息后，有人可能会倾向于规避那些可能引发冲突或伤害的社交互动，以此作为自我保护的手段。在这种心态的影响下，想要隔绝气味的想法在某种程度上是可以理解的。

没有气味信息会怎样

如果缺乏气味信息，即从嗅觉上接收到的线索不足，我们可能会感到一种信息上的缺失或不完整。嗅觉作为我们感知世界的重要方式之一，能够帮助我们识别环境、判断食物的新鲜度以及感知他人的情绪状态等。因此，当人们的嗅觉功能受损，无法充分获取这些气味信息时，人们确实可能会更容易感到焦虑。这是因为嗅觉的缺失可能会让我们在环境中感到更加不安定，难以准确判断周围的情况，从而增加了心理上的不确定性和压力。

近期，线上咨询的数量显著增长。在这种远程交流的情境下，如果无法接收到气味信息，患者和咨询师可能会错过与病情紧密相关的关键线索。尽管人们可以尝试通过视觉和听觉信息来推测并想象可能的气味，但这种基于经验的推测往往无法准确反映真实的气味信息，其有效性受限于个体的经验和想象力。因此，嗅觉信息的缺失成为线上咨询中一个不可忽视的缺陷。

据说，古日语中的"气味"和"香气"本来是描述整体氛围的，其中也包括视觉和气氛等信息。如今，日本人仍在使用嗅觉相关的比喻，例如，用"鼻が利く"[1]来形容善于获取信息的人，用"うさんくさい"[2]来形容不可靠的人。或许，所谓的"气氛"就包括了气味所传达的信息吧。

---

1 中文意思是"嗅觉敏锐"。
2 中文意思是"形迹可疑"。"くさい"是"臭臭的"的意思。

激发与增强毅力的秘密武器 ✿

　　有某机构曾针对包括运动员、艺术家、学者等在内的各界顶尖专家进行深入研究，旨在探究他们成为行业翘楚的关键因素，同时也关注成年人的发展轨迹，探讨推动个人成长的重要因素。

　　这些研究揭示，**毅力**是成为专业人士不可或缺的重要能力，它体现为对目标持之以恒、不轻言放弃的精神。那么，如何培养并增强这种毅力呢？

　　人们常说，坚持做一件事，需要热情和韧劲。为了保持热情和韧劲，我们需要设定适当的目标，需要有支持者，需要设法保持动力，同时，**具备情绪调节的能力、掌握心理调节的技术也是非常重要的**。在情绪调节方面，我们可以借助香气的力量。

马拉松也可以借助香气的力量

　　马拉松长跑是一项旨在达成目标、需要心理调适的运动项目。在 2018 年的横滨马拉松赛事中，主办方为大约四千名参赛跑者提供了含有天然植物香气的贴纸，旨在帮助他们进行心理调节。赛后，主办方对这些跑者进行了问卷调查，结果显示，问卷的回复率高达 80%，其中参与调查的男女比例约为 6∶4，男性跑者占多数。在回收的问卷中，有96% 的跑者表示他们非常喜欢这种香气贴纸。回答者纷纷表示"闻着香气跑得很舒服""香气缓解了疲劳""香气对自己有帮助"等等，回答"希望在今后的马拉松比赛中也使用香气"的人数高达 87%。

此外，一些妇产医院及产科部门也开始利用香气的力量，例如，在分娩过程中允许使用香气，或积极推广芳香疗法等。这些措施的主要目的是帮助人缓解疼痛、促进放松，但香气似乎还扮演了更为重要的角色——成为人们在艰难时刻的精神支柱。许多使用者表示，"香气让我重新焕发了活力""心情变得更加轻松""能够更清晰地意识到呼吸的方法"。

COLUMN
2 **自然智慧　芳疗精油的千年疗愈智慧与科学验证**

　　芳香疗法中使用的精油英文名称为 essential oil，它是从植物的花、叶、根、果实皮、茎等多个部位中提炼萃取出来的物质，主要采用水蒸气蒸馏法、冷压法等天然方法进行提取。由于它是天然植物提炼的香气精华，因此人们不仅可以通过精油感受天然的芳香，还能利用这些成分的功效，将其用于家居用品、护肤品及化妆品的制造生产中。

　　不过，与自然环境中的原香相比，精油是经过高度浓缩的物质，其浓度较高。在使用时，请务必仔细阅读随附的注意事项，避免直接将原液涂抹在皮肤上或进行内服，因为这可能会对健康造成不良影响。此外，由于精油具有挥发性，使用时应注意防火安全。为了确保精油的品质不发生变化，建议将其存放在阴凉、避光的环境中。只要遵循这些注意事项和建议，常见的精油都是可以安全、放心使用的。

　　精油能够让我们体验到来自世界各地自然植物的芬芳，

其使用方法简便快捷。通常，精油被封装在棕色或蓝色的小样瓶中，这些瓶子在外形上颇为相似。然而，如果仅凭价格吸引而未经仔细甄别就购买，可能会不慎购入含有合成香料或掺杂其他杂质的产品，从而无法享受到真正的天然香气。为了确保购买到高品质的精油，建议消费者前往专业的精油专卖店进行挑选。在那里，你可以亲身体验各种精油的香气，选择那些让你感到舒适和愉悦的产品。通过实际体验，你不仅能更好地了解不同精油的特点，还能避免购买到劣质或掺假的产品，从而真正享受到精油带来的自然与纯净。

如今，精油已被广泛应用于各种商品中，为日常生活带来了极大的便捷。此外，在精油蒸馏过程中收集到的芳香蒸馏水可直接用于皮肤。在国外，人们甚至将这种芳香蒸馏水用于烹饪点心或直接饮用，以此来享受那淡淡的天然香气。这种做法不仅增添了食物的风味，还让人们能够在品尝美食的同时，感受到来自大自然的纯净与美好。

在香气意象疗法中聆听内心的声音 🌿

　　自古以来，香气就被应用于各地的传统医疗和宗教，是医疗和仪式中不可或缺的部分。芳香的植物伴随着祈祷被供奉给神灵，人们用它净化场所，祈求健康长寿，并将其熏制后用作香水油。气味会营造一个让人远离世俗的非凡空间，嗅觉能够给人带来更加内省的意识——古人一定是感受到了这一点吧。

　　当你在香气的引导下，将意识从外部转向自己的内部时，你就能更清楚地了解自己的情绪和想法，更清楚地了解被当今大量的信息和外界刺激所淹没的自己内心的声音。可以说，这个声音来自你从出生到现在的所有经历，来自只有你自己才熟知的关于自己的宝贵信息。

　　为什么不把聆听自己内心的时间融入生活呢？

　　点燃一炷香，盘腿打坐，当内心的精神高度统一之后，你对香气的感知会更加敏锐，甚至可以听见香灰掉落的声音。**这或许是在说，在香气中聆听自己的内心，可能会听**

到平常听不到的内心智慧。

在日常的心理咨询工作中，我会在必要时使用香气。香气可以帮助来访者发现日常生活中忽视掉的重要信息，而这些信息也许会为现实生活带来启发和智慧。

意象训练和意象疗法

你知道意象训练和意象疗法吗？

意象训练是一种心理训练方法，例如商人在商务谈判之前想象与对方实际对话的情景，运动员或医生在正式比赛或手术之前通过想象来模拟自己的动作流程与肢体动作等等。

意象疗法是引导来访者联想意象，并将其应用到日常生活或治疗中的一种方法。例如，让来访者想象一个特定的场景，在该场景中进行放松，或者对以往的行为重新做出选择。除此之外，该疗法还包括让癌症患者构想其体内免疫细胞正积极有效地与癌细胞抗争的场景，以此增强心理韧性。还有一种技巧，通过诱导个体感受四肢温暖，帮助那些身心高度紧张的人达到放松状态，这一方法作为自律训练的一种被广泛采纳与应用。

利用意象进行心理调节的方法

这些利用意象进行心理调节的方法大致可分为两类：自由联想法和控制联想法。

自由联想法宛如一场心灵的自由漫游，它邀请来访者悠然地分享那些自然而然跃入脑海的意象与思绪，而咨询师则以一颗充满同理心的心灵，静静聆听，不加丝毫评判。相比之下，控制联想法则如同一位细心的向导，为来访者的联想之旅设定了特定的路径，比如引领他们深入"往昔某个刻骨铭心的场景"，或是聚焦于"生命中那些至关重要的人物"。

在香气意象疗法中，不管是自由联想法还是控制联想法，都使用香气来帮助来访者进行联想。两种联想法都可以有效地促进来访者与自己身体感觉和心灵深处的对话，而这些是来访者平常意识不到的，而应用香气意象疗法正是为了将它们应用到"当下"的现实生活。如果认为联想特定的意象对现实生活更有帮助，就采用控制联想法，而自由联想法则是让来访者自由地说出心里的意象，帮助来访者认清现实。

自由联想法使用来访者喜欢的香气，而控制联想法使用能够唤起来访者某个特别意象的气味。

自由联想法在咨询过程中，会巧妙地运用来访者所偏爱的香气作为媒介，营造出一种温馨而自由的环境，鼓励来访者尽情释放内心的意象与情感。而控制联想法则更侧重于使用那些令来访者能够想象出某个特定场景的气味，这些气味如同触发点，能够帮助来访者打开心门。

联想的能力，尽管在每个人身上表现各异，但通过适当的训练和方法，确实是可以得到提升的。意象疗法，作为一种深入个体心灵深处的治疗方式，它触及的是比日常意识更为隐秘和深层的内心世界。值得注意的是，意象疗法的应用过程可能伴随着一些复杂的心理体验。若个体感到现实与梦境之间的界限变得模糊，甚至出现妄想症状，或是完全沉浸在意象之中，难以自拔，请咨询心理健康专业人士，不要自行做出判断。

像做梦一样展开意象

自由联想法的其中一个方法是**积极想象**（active imagination）。这是像做梦一样对脑海中的意象展开**自由联想**的方法。

有一种将古典音乐运用在积极想象中的方法，它是由美国著名音乐治疗家海伦·邦尼（Helen Bonny）创立的音乐引导联想法（guided imagery and music），此方法被当作音乐疗法使用。

将应用音乐引导联想法时使用的古典音乐替换为香气，我们便称这种联想法为香气自由联想法（Guided Imagery with Aroma，简称 GIA）。这一方法旨在引导人们在实践香气正念的过程中，自由无拘地展开联想的翅膀。在此过程中，推荐使用那些能够激发愉悦感受、美好回忆的香气，尤其是源自天然植物的清新香气。当然，只要香气能给人带来舒适感，便无特定限制。在心理咨询中使用该方法，会让来访者发现平常注意不到的内心活动。

香气自由联想法

① 进行香气正念。

② 等待情景浮现在眼前。如果没有浮现，就继续用鼻子呼吸，等待情景出现。当某个情景浮现在脑海，就如同置身于梦境之中，静静观赏这些意象并沉浸于它们所带来的感受之中。不要强迫自己去想象，任由它们自由浮现就好。

③ 这种体验就像身临其境一样生动。你可以看到自己躺在高原的辽阔草地上吹着风，或者悠闲地坐在海边眺望大海……用你的五感仔细去感受这些意象吧。

④ 你的身心会对意象做出反应。根据不同的意象，你可能会感到身心放松，或者在练习后精神焕发、心旷神怡。通过在意象中进行对话或自由行动，你可能会惊喜地发现那些以往未曾留意到的细节与感悟。

疗愈实案 10
用柑橘、罗马洋甘菊缓解压力病症

二十多岁的 A 女士由于职场压力，出现了呼吸困难、身体不适等症状。在寻求专业医疗帮助后，她开始接受药物治疗以缓解症状。为了更全面地应对压力带来的心理影响，A 女士同时向心理咨询师寻求帮助。咨询过程颇为顺利，咨询师认为引入香气疗法或许能进一步增强治疗效果。于是，在咨询师的推荐下，我与 A 女士相识了。

A 女士很敏感，且想象力丰富，对周围环境的察觉能力很强，给我的印象是一个非常细致的人。由于对周围环境的顾忌，也由于身处日本文化之中，她原本丰富的内心世界似乎缩小了。为了使她摆脱内心的束缚，我建议她尝试香气自由联想法，她欣然同意了。

在自由联想时，我们使用了柑橘、罗马洋甘菊、配合薰衣草精油，这唤起了 A 女士对童年的回忆。她向我讲述了她曾经在大自然中的美好体验，以及被父母呵护时宁静而安稳的时光。

咨询结束后，A 女士在给我写的信中回顾了这次体验："这次经历如同一次心灵的洗礼，我收获了丰富的信息与深刻的感受。更重要的是，我领悟到，无须刻意改变，做最真实的自己便是最美好的状态。这种感觉，难以言表，却真实而深刻。"她还说："有融入香气的心理咨询，如同一股清泉，为我注入了前所未有的活力，让我有了一段与自己灵魂对话的时间。"

此后，她的病情逐渐好转。

香气控制联想法

控制联想法使用特定的意象，通过将这些意象与现实情境相关联，从而辅助个体理解和指导行动。值得注意的是，个体在意象联想能力上存在差异：一些人能够自如地在脑海中构想出生动的意象，而另一些人则可能在这方面感到力不从心。

意象联想能力并非一成不变，它是可以通过训练得到提升的。对于那些在联想过程中遇到困难的人，采用香气作为一种辅助手段，可以有效地帮助他们构建所需的意象。

在心理咨询中经常使用的一种香气控制联想法是运用**大树意象**。

自古以来，树木就被世界各地的人视为人的象征。据说，住在森林附近的民族将树木作为一种信仰，当他们感到迷惘时，就会走进森林中思考答案。**人会无意识地将人格投射到树上，这一点在心理学中广为人知，并被普遍用于心理测试**。树木扎根于大地，枝繁叶茂的样子给了我们稳定和包容的感觉。它朝向天空不断生长的身姿蕴含着坚强不屈的力量和智慧。历尽沧桑的参天大树被赋予了具有宇宙视野的先贤的象征，在故事和神话中流传至今。因此，树木常常被用于心理治疗，来引导人们**与自己的内心智慧进行对话**。

为了帮助来访者联想到大树的意象，我们可以使用树木的香气。日本约有三分之二的国土被森林覆盖，森林覆盖率仅次于北欧国家，世界排名**第三位**。众多日常可见的树木，如挺拔的柏树、高耸的杉树、苍翠的松树以及优雅的枞树，它们散发出的自然香气，往往能为我们带来一种清新脱俗、心灵平静与深深安心的感受，这种平静感和安心感可以**帮助我们联想意象**。

香气控制联想法（以大树为例）

① 选择一种能让你联想起某种意象的香气。

这次是让人联想起【大树】的香气。

② 进行香气正念。

当一棵久经岁月的【大树】浮现在你眼前时，请跟着它一起呼吸。当【大树】吸气时，气息从你的体内呼出；当【大树】呼气时，气息吸入你的体内。

③ 试着问【大树】自己现在想问的问题，或者说说自己的苦恼。

④ 感谢大树与自己对话，然后结束。

※【　　】内填入特定的意象。

大树的回答，蕴含着在悠久岁月中沉淀的智慧。借助大树这一充满象征意义的媒介，我们得以与内心深处进行一场深刻的对话。在这场对话中，我们能够触及那些在日常生活的狭隘视角里难以察觉的深层意识领域，从而获得更加丰富和细腻的心灵体验。

疗愈实案 11
在紫苏香里溯洄的童年自由时光

　　联想法既可以独自进行，也可以以小组活动的方式进行。不同的香气能够解锁并引导出各自独特的意象世界。特别是在进行香气自由联想法时，无论引导者的初衷或预设意图如何，来访者内心真正所需的意象往往会通过一种自然且必要的过程浮现出来。

　　有一次，我们用紫苏叶的香气做了一次小组活动。对于这次短时间的香气自由联想练习，四十多岁的参与者 T 先生如此说道：

　　这让我想起了童年时在祖母家的感觉，怀念之情涌上心头，梅干的酸味让我分泌出口水……耳朵下面有种刺痛的感觉。我沉浸在浮现出来的情景中，心情舒畅，觉得特别安心。那时候无忧无虑，真是自由啊！我感到特别轻松舒服。

现在，作为职员、丈夫和父亲，我忽然间发现自己积累了太多的角色和责任，也许正是这些让我感到不自由。说实话，有一点压抑。小时候的时光是再也回不去了，而且，那样的安心感以后也一定不会有了。就这样，我会继续过着在不知不觉中形成的、应该感恩却又有些压抑的生活。不过，当我知道自己以前是那么自由自在、无忧无虑时，我就释然了，觉得这样就可以了。

利用香气与心灵对话的其他方法

香气能够促进人与心灵的对话，这一特性不仅能够用于意象疗法，还可以用于其他疗法。

芳香艺术疗法

给情绪消沉的孩子们一些蜡笔或彩色铅笔，让他们随心所欲地涂涂画画，他们很快就会恢复活力，表情也会有所变化。这是地震后避难场所或学校里的场景，你在报纸或电视上可能也看到过。这种方法被称为艺术疗法。尽管此方法通常用于儿童，但它不仅仅适用于儿童，也会触动成年人的心灵。

相较于艺术疗法中广为人知的绘画与色彩应用，芳香艺术疗法还不是很常见，一些具体的应用方法还在探讨中，例如，利用旧书或街道的香气，让来访者说出自己的感受或联想的意象等。其中，将香气引起的情绪和身体感觉的变化通过艺术形式表达出来的过程，被称为**芳香表达性艺术疗法**。

芳香表达性艺术疗法

一般来说，芳香艺术疗法多是使用水粉画、蜡笔画或水彩画的工具来创作多姿多彩的作品，而在芳香表达性艺术疗法中，日常生活中被视为负面的情绪，如愤怒、急躁和焦虑等，也会得到尊重和表达。这些作品因人而异，有的作品可能让人感觉暴力或怪诞，不过，芳香表达性艺术疗法并非关注作品本身。

表达性艺术疗法深挖表达行为本身蕴含的自然疗愈与自我成长潜能。通过触及并表达深层的自我，人们能够体验到幸福感的提升与创造力的激发。人的内心是一个复杂的世界，不仅有光明的一面，**也有阴暗的一面**，为这两面都**留出空间**，能增加人格的深度，使人获得内心的平静，培养对他人的共情力。而芳香表达性艺术疗法，则巧妙地借由香气这一媒介，引导人们勇敢地袒露真实的自我，实现与心灵的真诚对话。

芳香表达性艺术疗法有很多种，在这里我重点介绍**涂鸦疗法**。

芳香表达性艺术疗法（涂鸦疗法）

① 将蜡笔和画纸放在面前。

② 选择一种适合现有情绪的香气。

③ 进行香气正念。

④ 感受身体出现的反应。

⑤ 选择一种与你的身体反应相匹配的颜色，用你的非惯用手握住蜡笔，像涂鸦那样，按照自己的想法随意涂抹。

⑥ 一边涂鸦一边问自己："它符合我的心情和身体感觉吗？"如果你想改变颜色，就改变颜色；如果你想改变气味，就改变气味。

⑦ 当你内心的反应停止时，即可结束。

疗愈实案 12
香气引导的 30 分钟情绪突围

　　三十多岁的 A 女士在工作坊中初次体验了芳香表达性艺术疗法（涂鸦疗法）。体验之后，她把芳香表达性艺术疗法融入了自己的日常生活中，在她感到焦虑或想要加深自我理解时，将其作为一种自我照护的工具。

　　在工作坊的时候，我觉得这个方法也不过如此。但当我在家里练习了几次之后，我的体验加深了。练习得越多，我就越惊讶地发现，自己的内心竟然隐藏着如此错综复杂的情感。这些情感如此私密，以至于我无法向任何人透露，包括我的家人、朋友，甚至是专业的咨询师。那是一种无法用语言表达出来的非常可怕的情绪。

　　然而，当我在香气中面对这种情绪时，好像有一阵凉爽的风穿过我的身体。我感觉空间更开阔了，我的心自然地敞开了，情绪不再被压抑，似乎有了一个出口。我感受着香气，任由情绪泛滥而哭泣。有时我会发抖，当我恢复平静后便会睡着。不一会儿，我就从短暂的睡眠中醒来，就像按摩后那样。整个过程不过短短 30 分钟，我却感到内心舒畅了许多。

调节中性情绪的心理基准线

有时，人们在经历某些美好瞬间，比如嗅到一缕令人愉悦的香气后，心情会瞬间变得格外舒畅。然而，这种愉悦感可能转瞬即逝，也许是因为脑海中不经意间浮现出某件令人烦恼的事情或令人不悦的人，心情随即又回到了原点。这一现象可以用心理学中的**恒常性原则**来阐释，该原则表明，人们往往**倾向于保持一种相对稳定的心境状态**。当你试图改变心情时，若发现这种新状态不够稳固，你便容易重新退回到原先那种习以为常的心境之中。

如果有人对你说"要是你每天都表现得阳光灿烂，周围的人都会心生嫉妒，这样可不行啊"，或是"像你这样整天无忧无虑、没心没肺的，迟早会遇到不好的事情"，这样的话语无疑会给你的心理带来沉重的负担，使得你很难长时间维持积极愉悦的心情。

你的人生之路，迄今为止，是由怎样多彩的情绪所装点的呢？每一个当下的瞬间，无论是欢笑还是泪水，无论是沉思还是雀跃，都连续不断地累积起来，一秒、一分，继而成为一天，然后再成为一年，岁岁年年连在一起便是人生。

整体并不是部分的总和。如果让人们每天给自己每时每刻的心情打分，那么一个人在生命结束时的总分很高，就说他是在好心情中度过了一生，这种说法确实过于武断。

人生中好情绪与坏情绪的比例，在很大程度上决定了我们人生总体的情绪氛围。情绪如同光谱一般瞬息万变，从不固定于某一状态。每个人的情绪波动幅度与性质都是独一无二的，即便在没有特定事件发生或未进行任何特定活动时所体验的**中性情绪**，也因人而异，受到个人性格特质、过往生活经历以及近期生活状况的多重影响。

很难被察觉到的中性情绪

总的来说，那些在安心稳定的环境中成长的人，往往能够拥有较为稳定的情绪状态，他们的中性心理状态倾向于安宁与平和。相反，那些在缺乏安全感、充满不确定性的环境中长大的人，他们的中性心理状态则更容易被焦虑、悲伤、忧郁和愤怒等情绪所笼罩。

这并不是在评价哪种成长环境更优越或更糟糕，因为每个人都在自己特定的环境中形成了**习惯**与**适应方式**。例如，在整洁宁静环境中长大的人，会对安静和秩序感到自在；而在杂乱且常伴有噪声的环境中成长的人，则可能在一个过于安静、缺乏杂物的地方感到不自在，甚至有些人会在完全静音的环境中感到孤独和恐惧。

创造自己未来的情绪

过去的情绪确实深受我们现有习惯的影响，而未来的中性情绪则掌握在我们从现在开始的每一刻创造之中。因此，首要之务是觉察并认识到自己的中性情绪状态。

有些人畏惧情绪的变化，他们可能会说："问题还没解决，改变情绪岂不是冒险？"负面情绪有时确实能作为一种预警机制，帮助我们规避潜在的风险。但关键在于，我们可以在感受美好与宁静之后，**以更加平和的心态去面对和处理那些问题**。这时，你或许会发现，问题的视角和解决方案在你心中已悄然发生了变化。

如果你的中性情绪基调是积极向上的，带给你喜悦与快乐，那么你将会拥有更多心情明媚的时光。当你想要调整情绪时，不妨尝试运用香气正念的方法。这一方法不限于特定时刻，平日里，只要你愿意，仅仅是简单地感受一份美好的香气，就能逐渐改善你的中性情绪状态。通过增加这样的美好瞬间，你将能够培养出保持好心情的**习惯**，让生活更加阳光与温暖。

有些以情绪障碍为主要症状的精神疾病，如抑郁症，可能是由身体状态等其他因素引起的，患者需要接受适当的治疗。当患者情绪极度抑郁或情绪波动很大时，请及时到心理科或精神科就诊。

气味疗愈的日常奇迹

睡个好觉，舒服地醒来，用香气治愈心灵，过一种善待他人也善待自己的生活。那确实是一种最理想的状态，但对于我来说是绝对不可能的。

真的不可能吗？

确实如此，人类具有维持现状的**恒常性原则**，倾向于保持稳定状态，甚至对于所期望的变化也往往带有一定的抗拒心理。但相反，人类也有适应状况并做出改变的**可塑性**。即使是小小的刺激和小小的一步，经过不断地积累，也可以得到大大的改变。

目标越大越不容易实现。因此，我们可以缩小目标，在力所能及的范围内迈出踏踏实实的每一步。这样一步一步积累下来，目标终能实现。就像婴儿迈出的一小步一小步那样，这被称为 "baby steps"。

平时有意识地练习调节情绪

将感受香气作为日常生活中的一种情绪调节练习，是一种非常实用且有效的方法。

对于那些想要开始却不知从何入手的人，使用柑橘类水果确实是一个很好的建议。当你切开一颗新鲜的葡萄柚或橙子时，那清新的果香瞬间扑鼻而来，你可以尝试用香气正念的方式去细细品味这一刻的美好。不仅如此，吃完水果后剩下的果皮也不要浪费，它们同样可以在多种场合下为你带来愉悦的情绪变化。

如果你不太吃水果，那么利用生活中熟悉的饭菜香气也是一个不错的选择。毕竟，吃饭是我们每天必须做的事情，不需要额外花费时间刻意去准备香气，非常简单方便。

从日常感受香气开始

早晨，一杯咖啡或红茶热气袅袅，芳香满室。此时，不妨静心凝神，闭目细品，在香气正念的引领下，感受身体随着香气流转而发生的微妙变化。

咕嘟咕嘟的热汤、刚煮好的米饭，这些食物散发出的香气都能给身体带来舒适的体验。对一些人而言，仅仅是忆起这些香气，便能心旷神怡。而在厨房中切开黄瓜或西红柿，那清新的香气仿佛能净化心灵，让人精神焕发、身体充满活力。高汤与葡萄酒的香气，更是如同大自然的杰作，令人沉醉。

食物的香气包括从鼻子进入体内的香气和口腔中的香味（味道）。如果想充分感受食物的香味，建议你用品酒师那种独特的呼吸方式——把食物或饮品含在口中，细细咀嚼食物，使之与唾液充分混合。当香气溢满整个口腔时，闭上嘴，用鼻子轻轻呼气。

吃饭的时候，**放下手机，关掉电视，哪怕一小会儿也好，安静地专注于食物，让鼻中的香气和口中的味道到达腹部，仔细感受身体的变化。**

利用餐桌上的香气和味道体验香气正念，这就是"baby steps"。通过这样一小步一小步的积累，终会迈向可以轻松利用情绪的生活。

COLUMN
3 生活观察　　日常餐桌上的香气记忆

生活中处处是芳香。倒上热水就可以品尝的花草茶，只需几块钱即可享用的热咖啡……这些生活中常见的事物所散发的香气都可以用来调节情绪。

你手中的一杯咖啡里含有多达三百多种芳香成分。咖啡豆的烘焙程度、原产地、品牌、气候条件、收获、保存环境……这些都是影响咖啡香气的因素。即使在饮用期间，咖啡的香气也会发生变化。不仅仅是咖啡，茶类也是如此，如早上喝的绿茶、红茶、焙茶或乌龙茶，其香气也会因发酵程度、产地、气候条件和保存环境等因素而发生变化。就拿绿茶来说，泡茶的水、茶的产地、冲泡方法等都会对茶的香气产生影响。

酒的香气涵盖了啤酒、葡萄酒、威士忌、白兰地以及果酒等。食物的香气包括应季食材、香料、有香味的蔬菜、调味料、高汤和柑橘的香气等，我们的餐桌上总是飘散着天然的芳香。有研究表明，鲣鱼片和海带制成的高汤香气可以激活副交感神经，无论是闻还是喝高汤，都会产生让人放松和缓解人的疲劳的效果。早晨，味噌汤的香气令人精力充沛，每喝一口都会感到身心放松，相信你也有过这种被香气治愈的体验。

对日常餐桌上的香气感兴趣的朋友可以在网上搜索**香气轮盘**（aroma wheel）和**风味轮盘**（flavor wheel），你会发现它们非常有趣。一般来说，对气味的描述没有特别的规定，每个人都会用自己的方式来表达感受，例如"像……"。因此，当很多人一起谈论某种气味的时候，如果有共通的描述方式会方便很多。于是，人们把从各类物质处感受到的气味用同心圆进行分类绘制，做成香气轮盘或风味轮盘。人们在描述不同香气（如啤酒、葡萄酒、咖啡和巧克力等）时会用到不同的轮盘。

第 3 章总结

气味的作用包括以下方面：

- 影响认知、思维、行为和身体感觉

- 唤起情绪记忆

- 作为气味符号

- 接收信息、传递信息、交换信息

气味对心灵的作用：

- 用于自我理解和心理调节

- 用于增强毅力

- 用于保持良好的中性情绪

养成日常感受香气的习惯，慢慢积累那些微小的变化，就可以让好情绪保持下去。

第 4 章

AROMA &
MIND
FULNESS

嗅觉与气味的

生理学

嗅觉感知的奇妙旅程：从鼻腔到心灵的路径

关于利用香气调节情绪的方法，在上一章中，我已阐述了气味对心灵的积极作用及实际应用案例。若你因此对气味产生了些许兴趣，我感到非常高兴。接下来，我将深入介绍一些相关知识，包括嗅觉的生理学基础及研究成果，帮助你更全面地理解气味。

当你深入认识到"气味"如何在不经意间影响你的身心状态与情绪时（这或许是你以前未曾留意的），你将发现更多应用香气正念的场景。本章以下内容，你可以根据自己的兴趣选择性地阅读，或是在闲暇之时细细品味。

首先，让我们探讨一下身体是如何感知并接收气味的。

人类大约有 400 种嗅觉受体

气味的产生源自挥发性分子的释放，这些分子（简称气味分子）具有在常态环境下易于转化为气态的特性。

嗅觉感知气味有两条通路。一条是飞散在空气中的分子（气味分子）进入鼻孔后，附着在鼻骨深处被称为嗅上皮的部位，作为**气味**被感知；另一条是气味分子通过食物或饮料等进入口腔后，沿着鼻子后部上升并附着在嗅上皮上，这时的气味作为**味道**被感知。通过鼻子进入的气味通路被称为**鼻前通路**；通过口腔进入的气味通路被称为**鼻后通路**。我们享受食物时，香气是通过"鼻后通路"被感知到的。

不管是通过哪一条通路，附着在嗅上皮的气味分子都会溶解到嗅上皮的黏液中，这是接收气味分子的嗅觉受体所在的地方。嗅觉受体位于传递嗅觉的嗅神经细胞的顶端。当嗅觉受体接收到气味分子后，嗅觉信号通过嗅神经细胞传导至嗅球——大脑中负责处理嗅觉信息的**初级中枢**，再到达嗅皮层。

人类大约有 400 种嗅觉受体，嗅球根据被激活的嗅觉受体及其组合来识别气味。不同气味的组合在嗅球中形成**气味地图**，人们通过气味地图可以识别复杂的气味。

嗅觉信号是如何影响身心和情绪的

到达嗅皮层的嗅觉信号传导至大脑深处叫作**边缘系统**的部位，边缘系统包括杏仁核（与愉快、不快等情绪反应有关）和海马体（与记忆的存储有关）等。嗅皮层有时也被认为是边缘系统的一部分，但无论怎样，嗅觉信号都可以说是直接到达边缘系统的。

此外，嗅觉信号还会传导至下丘脑和前额叶皮层，下丘脑负责维持全身的稳定状态，而前额叶皮层则参与识别并判断气味。它们作为嗅觉的高级中枢，与身体的其他部位协同引发反应。

到达边缘系统的刺激会引发**情绪反应**、**唤起回忆**等，而到达下丘脑的刺激则通过内分泌系统和自主神经系统等**影响身体的各个部位**。嗅觉就是这样直接向边缘系统和下丘脑发送信号的。**它直接影响身体反应、情绪和情感，而无须思考这个物体是什么、气味是如何产生的。这是嗅觉的特点，是其他感觉所没有的。**

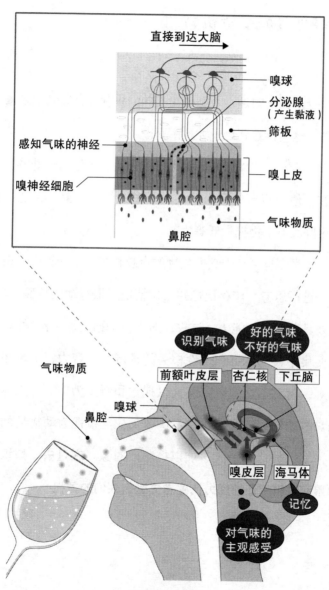

嗅觉的机制

超越理性的嗅觉机制

令人惊讶的是，人类感知气味的机制长久以来都是未解之谜，这个谜直到最近才被解开。

在西方文化中，作为智人种的人类被定位为一种特殊的存在。他们将自然视为与人类分离的外部对象，将动物和昆虫等其他生物视为低等生物。

人类拥有区别于其他生物的卓越智慧，是一种以意识为中心进行思考、储存记忆并根据情况采取行动的特殊生物，需要具备理性的能力。过去，对人体的研究除了医学以外，主要集中在与思维和理性相关的领域，如智力、学习和记忆等，而对感觉的研究一直以视觉和听觉为中心。人体本来具有的情绪（如愉快和不快等反应）被视为动物性的低级冲动，被认为是应该加以控制的对象。**在过去，知识的积累和逻辑论证的能力比感觉更受到人们的重视。**

情绪比理性低级吗

嗅觉引发情绪。某些情绪会伴随强烈的冲动，影响意识和理性的判断。无意识的动物本能冲动可能对理性和意识构成威胁。

因此，嗅觉在西方文化价值观中曾被视为**低等的、野蛮的感觉**。人们拒绝正视气味，压抑自己的嗅觉。嗅觉一度仅用于控制与疾病相关的难闻气味，而对嗅觉的研究则受到嘲笑，其地位一直很低。

在这样的西方文化价值观的背景下，滞后的嗅觉研究逐渐开始显示其重要性。历史学家阿兰·柯尔宾（Alain Corbin）于 1982 年出版了《瘴气与黄水仙：18~19 世纪的嗅觉与社会想象》（*Le Miasme et la Jonquille*），书中讨论了嗅觉的作用及其重要性。这本书从哲学的角度讨论了气味的社会文化背景，包括理性与身体感受、情绪压抑的历史、公共卫生与臭味问题等，提出了关于嗅觉的崭新视角。以此书为基础，嗅觉主题的文学作品也相继诞生，压抑嗅觉的历史开始出现变化。

嗅觉作为五感中最后一个未被探索的领域逐渐受到人们的关注。20 世纪 90 年代，它终于成为实验心理学和生理学的重要研究课题。从历史的角度看，可以说这就是最近才开始进行的事情。考虑到嗅觉是和视觉、听觉、味觉与触觉并列的五感之一，这一事实着实令人吃惊。

获得诺贝尔奖的嗅觉机制研究

然后到了 2004 年，琳达·巴克（Linda Buck）和理查德·阿克塞尔（Richard Axel）因 1991 年发表的阐明嗅觉机制的研究成果而获得诺贝尔生理学或医学奖，这使嗅觉研究成为人们关注的焦点。我记得在这个时期，对嗅觉感兴趣的人明显多了起来，有很多地方政府和普通民众邀请我去做关于嗅觉主题的研讨会。

另外，芳疗爱好者受到欧洲香氛文化和澳大利亚、加拿大崇尚自然理念的影响，将从天然植物中提取的精油引入日本，由此开始形成香薰市场，时间差不多是在 20 世纪 90 年代后期、世纪之交之前。

嗅觉的应用才刚刚开始

现在，嗅觉的基础研究还在继续，同时，也进入了探讨**如何利用嗅觉和气味**的应用研究阶段。气味可以用于缓解压力或**治未病**（潜病未发的亚健康状态）吗？嗅觉和体味可以用于**痴呆症、精神疾病和身体疾病**的早期发现和治疗吗？嗅觉可以帮助解决霸凌、骚扰和虐待等（据说这些与气味有关）**社会问题**吗？

嗅觉可以被应用到诸多领域，如健康的维持和诊断、疾病的治疗、福利和区域发展等，来营造一个尊重多样性的可持续社会。此外，嗅觉在 VR 和 AI 技术方面的应用、根据嗅觉受体基因的个体差异提供合适香气的定制服务，以及嗅觉与情绪和充实感的研究也在逐步取得进展。

COLUMN
4 文化探索　儿时的回忆与故乡的气息

有没有一些气味能让你瞬间忆起儿时呢？奶奶家的榻榻米的潮味儿，社团活动结束后和小伙伴一起走在堤坝上闻到的清香味儿，爸爸妈妈房间里的旧书味儿，最爱的糖块和汽水的香甜味儿……你的脑海里一定珍藏着许多童年记忆中的气味。在回忆这些气味的同时，请细细体会身体的感觉吧，这是日常生活中没有的一种特别体验。

这种**气味唤醒记忆的感觉**很难用语言描述出来，那是身体所讲述的记忆，是一种难以名状的感觉。

我是在东京的国分寺[1]长大的。国分寺远离市中心，那里的盆栽很有名。在我小时候，空气里常常飘荡着泥土和肥料的气味。如今那种气味虽已变淡，但依然能让我感到安心。它能让我回忆起已经离去的父亲和姐姐，回忆起和年迈母亲之间的点滴往事。

1　国分寺是位于东京都多摩地区的城市。

日本各地均拥有其独一无二的嗅觉印记，这些特色气味正被积极发掘并作为地区特色资源加以运用。以"沉香传入日本之地"而知名的淡路岛上生长着一种叫"鸣门柑橘"的稀有柑橘。2016 年开始，人们从这种柑橘中提取精油，将其作为地区资源用在当地纪念品和家居用品中。

很多地区也在利用当地特有的气味作为资源进行"区域振兴"。在森林大国日本，树木是一种宝贵的自然资源。森林需要修整，需要进行必要的间伐。间伐掉的木材要尽可能实现资源的循环利用，例如用来制作门窗隔扇、家具或生物质燃料等。而且，以前废弃处理的木材边角料，现在可以从里面提取精油，用在家居用品和化妆品中。

前几天，我有幸品尝了一款特别的咖啡，其中融入了源自冈山县乡村桧树的独特香气。这缕清新而宁静的气息，不仅为咖啡增添了一抹非凡风味，更带给我一种心旷神怡、神清气爽的美妙感受。

从小熟悉的、在生活中经常接触的气味，可以让我们放下戒备，感到身心愉悦。你的故乡有着什么样的气息呢?

嗅觉是生存的基本感觉 🌿

五感中，你使用最多的是哪种感觉？你认为这种感觉重要吗？

调查结果显示，80% 的人回答"视觉"，不到 20% 的人回答"听觉"，不到 10% 的人回答"味觉"，回答"触觉"和"嗅觉"的人最少，不到 10%。但是，如果你有年幼的孩子，或者你正在照顾某人（比如疗养或护理），你就会很清楚气味传达的信息量有多大。

我们知道，婴儿在出生后 1 小时内如果被放在母亲的腹部，他会向上爬并吮吸乳头，这种现象被称为**乳房爬行**。据说这是由于母亲的乳头散发出类似于婴儿熟悉的羊水气味而引起的现象。另外，也有报告称，婴儿在出生后 6 周时，脸会朝着自己的母亲（而不是其他人）的胸部做出吮吸乳头的动作。

这些发现表明，婴儿通过气味寻找营养来源，并且，**他们在出生后不久就开始识别气味**，从中可以看出嗅觉作为

生存的基本感觉是何等重要。

照看婴儿的护理人员通过气味来确定是否需要更换纸尿裤，也通过气味来监测婴儿的健康和身体状况。我们经常会见到有人满脸幸福地说：**"我喜欢婴儿头皮的气味。"** 研究表明，嗅闻婴儿特有的气味并能感知到爱，能激发喜悦情绪，为育儿行为注入更多动力，有助于克服育儿过程中的诸多挑战。可以说，在视觉和语言尚未发育完全、身体还很弱小的新生儿时期，气味成为他们与外界沟通最为关键的桥梁，支撑着他们的生存与发展。

气味与异性选择：汗味 T 恤实验

即便是在身体各机能发育成熟、视觉和听觉早已正常发挥作用以后，人们也会通过气味来判断生活中的重要信息，其中之一就是异性的选择。

嗅觉研究中有一个著名的**汗味 T 恤实验**，该实验是在瑞士伯尔尼大学进行的。男生们需要接连两天穿同一件 T 恤，其间不能接触香料和香水。然后将 T 恤放入盒子中，让女生通过盒子上的孔去闻 T 恤的气味，并按照喜好程度进行排列。

实验结果显示，大多数女性会选择与自己的基因型差异最大的男性气味作为自己**喜欢**的气味，相反，她们**不喜欢**的气味则来自与自己的基因型最接近的男性。其他研究机构也做过类似的实验。也有报告称女性选择男性的体味与基因无关。对于此事，各家说法不一。

嗅觉是为了存续后代所做的本能选择

后来，人们对迄今为止发表的有关该主题的论文进行了汇总分析，结论是，**人们倾向于选择在基因水平上能获得多样性的异性体味**。嗅觉帮助人们选择伴侣，**是为了能够留下拥有多样性基因的后代，使他们在各种环境中都能生存下去。**

因此，气味能够传达重要的信息。观察一下动物我们就会明白，在交配之前，它们会互相闻闻对方的各个部位，体味和尿味关乎配偶的选择。考虑到这一点，气味影响人类的本能选择也就不足为奇了。

另外，**气味与体验密切相关**。不管你当初有多喜欢心爱之人的气味，但如果那个人狠狠地伤了你，它就会变成你讨厌的气味，避之不及。有人说："在我开始讨厌那个人的气味后，我觉得这段关系就要结束了。"而汗味 T 恤实验显示，"因为**你是有利于我基因存续的人**，所以我喜欢你的气味。因为我喜欢你的气味，所以选择了你"。这表明了气味在异性选择上的重要作用。

从体味变化和嗅觉变化中发现疾病

然而，体味不仅与基因有关，还与性别差异、生活方式、饮食习惯以及当时的健康情况和精神状态有关，这使气味辨别变得更加复杂。不过，对于每天生活在一起的家人，应该会更容易注意到变化。因家人注意到患者的体味变化而发现患者患有严重的疾病，这样的例子屡见不鲜。

已经有研究证明，癌症和精神分裂症等精神疾病会引起体味的变化。另外，疾病也可能导致嗅觉敏感度下降。众所周知，在阿尔茨海默病和帕金森病的早期阶段，患者的嗅觉会明显减退。还有一项研究报告显示，在 57 岁至 64 岁之间因某种原因失去嗅觉的人当中，有近 40% 的人在 5

年内死于疾病。关于**疾病与嗅觉之间的关联**，如体味（发出气味）和嗅觉敏感度（接收气味）以及它们与疾病之间的联系，相关研究正在取得进展。**气味传达着关乎"生存"的重要信息。**

嗅觉的重要性或许很难理解。那么，现在请你想象一只**野生动物**。我们可以想象出来，如果野生动物失去了嗅觉，它就更容易受到其他动物的攻击猎捕，或者因为无法保护自己的食物而饿死。而且，我们人类也在通过气味来感知对生存至关重要的信息，例如发现火灾和煤气泄漏、确认食物是否变质等。另外，日本人还会用"这家伙身上有股臭味（やつはくさいぞ[1]）"来形容说谎的人。可以说，人类通过嗅觉获得了关于生存的重要信息。

理性无法激发创造力

从进化的角度看，嗅觉信号直接到达的边缘系统是非常古老的区域，它被认为是动物脑，是让我们**顽强生活的大**

---

1 日语的"くさい"有"臭"的意思，也有"可疑"的意思。

脑。相比之下，新皮层是和思维、语言有关的进化程度更高的新脑，是让我们**好好生活的大脑**。不过，这个让我们好好生活的大脑有时也会给我们带来苦恼。以理性思考和判断为中心的生活，往往会压抑自由的心灵和创造力。

我不知道自己喜欢什么。

别人让我做的事我可以做，但是我没有自己想做的事。

也许我根本就不知道喜欢是什么感觉。

如果你也有这些感觉，就让"顽强生活的大脑"更加活跃起来吧，去感受自由，感受愉悦与不悦。一切听从身体的感觉就好。

寻找美好的香气，坚持做香气正念吧，以此来培养自己喜欢某种事物的能力，探索内心深处的真正热情所在，明智地择取对生活有益之物，并在此过程中不断增进对情绪的细腻感知力。

气味与身体的自然对话

气味不仅会影响看不见的情绪和情感，同时也会影响身体。

当闻到柠檬或紫苏叶的香气时，大部分人会说这让他们"分泌出唾液"。在香气的刺激下，作为外分泌腺的唾液腺会产生唾液，这可以说是一种**条件反射**——以"巴甫洛夫的狗"而广为人知的现象。在巴甫洛夫对狗所做的实验中，如果每次在给狗喂食时摇响铃铛，狗就会把铃铛声和食物的记忆联系起来，过一段时间后，就算只听到铃铛的声音，狗也会分泌唾液。

同样，柠檬的香气与品尝柠檬汁时那独特的**酸味记忆**紧密相连，一闻到柠檬香，人们便不由自主地回想起那种让口腔泛起酸意的身体感受，进而促使口腔深处的唾液腺分泌唾液。面对这一现象，或许有人会好奇："这难道不是人类与生俱来的本能反应吗？"然而，有一种颇具说服力的观点认为，我们对气味的反应实际上是从胎儿时期起，通过**经验学习**逐渐形成的。

男性荷尔蒙受女性气味的影响

气味还会影响人体的内分泌系统。女性的体味会根据月经周期而变化。当男性闻到排卵期（容易受精的时期）女性腋下的气味时，男性荷尔蒙睾酮的水平会上升，而女性黄体期（不容易受精的时期）的气味则会使男性荷尔蒙水平下降。

尽管研究揭示了女性气味对男性荷尔蒙产生普遍影响的规律，但值得注意的是，个体因当前身体状况、个人偏好以及基因类型等因素的差异，对气味的生理反应也会有所不同。因此，某种气味并不一定对同一环境中的所有人都产生同样的影响。由于每个人的基因类型不同，其嗅觉受体也会不同，所以人们不一定能感知到相同的气味。还有，如果一个人在很饿的时候闻到咖喱的香味，便会感觉更加饥饿，肠胃活动也会变得更为活跃；若是在饱腹状态下，或者他压根不喜欢吃咖喱，就不会产生同样的反应。

气味偏好会发生变化 🌿

气味大致可分为好的气味和不好的气味：不好的气味会让人感觉不适，使心情变差；而好的气味会让人感觉愉悦、心情好。

那么好的气味和不好的气味是如何界定的呢？

与对气味的反应类似，当前的主流观点认为，人类对气味的偏好并非人与生俱来的本能，而是**由胎儿时期就开始的气味经验**（基于子宫内羊水气味的经验学习）**决定的**。而且，这种偏好不会永远持续，它会**根据后来经验的再学习、当时所处的状况以及对气味的判断而改变**。

2 岁幼儿不会觉得排泄物很臭

筑波大学做过一个名为**2 岁幼儿气味偏好**的实验。他们为 2 岁的幼儿准备了两个房间，一间充满苯乙醇（玫瑰气味的主要成分），另一间充满粪臭素（排泄物气味的主要成分），其他环境条件相同，然后调查幼儿更喜欢在哪个房间里观看视频。

调查结果显示，2 岁幼儿的选择没有显著差异。

然而，对 9 至 12 岁儿童的实验结果显示，有 80% 的儿童更喜欢玫瑰的气味，而不是粪臭素的气味。这表明，在大约小学三年级的时候，儿童对粪臭素的气味已经有了概念，而婴幼儿时期对粪臭素的气味是没有概念的。

我们经常听到类似的例子：吃完牡蛎后身体不适，以后就不能吃牡蛎了。如果吃了某种食物后身体出现不适，人们就会开始厌恶这种食物，情况严重者甚至永远不能再吃一口，这被称为**味觉厌恶学习**。同样，嗅觉也会"厌恶学习"。曾经超级喜欢的男友的气味，在经历糟糕的分手之后，只会让你觉得恶心。

所以，所谓"好的气味""不好的气味"这类在生物学上并无客观意义的气味评判，其实是通过后天学习、积累经验和记忆来形成的。此外，文化也会影响气味偏好，比如一个人生长的土地、环境和年代等。一般来说，日本人更容易接受焙茶、纳豆和鱼的气味，而欧洲人则更容易接受霉味和茴香（茴香是欧洲饮食中常用的香料）的气味。

母亲在怀孕期间接触到的食物香气会反映在羊水的气味中，这会影响孩子的气味偏好。另外，感知气味的嗅觉受体的个体差异也会影响气味偏好。一项研究发现，对紫罗兰气味中的 β-紫罗兰酮敏感的人不喜欢喝添加了此物质的苹果汁。

气味偏好因季节和时间而异

如果每天都接触相同气味的话，你会发现，气味偏好会因季节而异，甚至因时间而异。本来不太喜欢的薰衣草香，在梅雨季你可能会觉得它很清爽；本来非常喜欢的玫瑰花香，在早上起床时你可能会感觉它香气过浓而不愿去闻。另外，也有报告称，对于同一种玫瑰香水，觉得好闻的人认为它散发的是花香，而觉得难闻的人则认为它散发的是化学药品的气味。这说明，气味偏好也会影响人们对气味的判断。

气味偏好也因年龄而异

我们曾分别为一群十几岁的男高中生和一群四十多岁的

女性举办过使用桧木香气的工作坊。四十多岁的女性很喜欢桧木的气味，称这种香气让人内心平静；而十几岁的男高中生们却对它敬而远之，说它不好闻。虽然对气味的反应存在环境差异和个体差异，但我们从中可以推测，**由于经验的差异，人们对气味的反应可能存在代沟**，因为桧木在现代日本人的生活中已经不是那么常见了。

当被问及对桧木香气的印象时，多数人的回答是"成熟稳重的年长男性或女性""各个年龄段的男性"。四十多岁的女性表示喜欢桧木的香气，这个现象我觉得是很有趣的。

提升辨香力的阶梯训练法

我闻不到什么气味，练习香气正念会有效果吗？

也许有人会这样问。

如果你闻不到气味，原因可能是嗅觉感知通路的某处出了问题：可能是嗅上皮发炎，如鼻炎和花粉症；也可能是天生的鼻子形态问题或鼻塞导致气味分子难以到达嗅上皮；感冒后也可能会出现嗅觉障碍。此外，衰老、吸烟和咀嚼较少的饮食环境都是导致嗅觉减退的因素。

人们已经发现了嗅觉减退与痴呆症、情绪障碍、帕金森病等疾病的关联，因此，嗅觉障碍的背后有可能是某种疾病。如果你闻不到气味，日常生活已经受到影响，建议你先去看医生。

叫苦"闻不到气味"的大多是男性

在我接触过的例子中，有很多人其实并没有器质性问题或疾病，他们只是**由于当时的心理状况暂时无法闻到气味**，而误以为自己失去了嗅觉。

嗅觉存在个体差异，嗅觉敏感度的自我评价具有主观性。有一项关于"你认为自己对气味敏感吗？"的调查，结果显示，女性通常对自己的嗅觉敏感度有更高的自我评价。这意味着女性更容易注意到气味并对气味做出反应。根据这个结果，我们可以想象以下情景——一个男人和一个女人处于同一环境中，当女人对某种气味做出反应时，男人却没有注意到这种气味。女人可能会说："你没闻到吗？"如果类似情况经常出现，男人可能会觉得不安，以为自己"嗅觉失灵"。顺便说一下，本节开头声称自己"闻不到什么气味"的，全都是男性。

一直以来，我们大多数人都在学校和社会组织中被要求做出理性的解释、给出正确的答案，因此，当需要对因人而异的模糊"气味"做出评论时，人们可能会想"是什么气味呢""我能闻到它吗"，从而产生一定的心理压力。

嗅觉很容易受到心理暗示的影响

由于气味是看不见的、不明确的，所以嗅觉很容易受到心理暗示的影响。当周围的人说"我闻到一种气味"的时候，即使你没有闻到，可能也会感觉闻到了。**嗅觉是一种很容易反映心理状态和先入之见的感觉**。而且，身体也会对想象的气味做出反应，引起生理变化。

换句话说，人们在缺乏自信去辨识气味的情况下尝试嗅觉体验时，很可能无法真正感知到它的存在。此外，现代生活的快节奏与高压力常常使人难以自由呼吸、身体紧绷，这种状态会让人误以为自己失去了嗅觉。但事实上，这更可能是一种心理错觉，他们只是未能给予嗅觉足够的关注，没有放松去感受罢了。

如果你的身体没有任何问题，但觉得自己"闻不到气味"，不妨尝试书中介绍的香气正念练习。通过持续的练习，你的身体反应与感知能力定会有所改善。

嗅觉训练

如果你对嗅觉没有任何心理压力却闻不到气味，建议你做嗅觉训练。有报告对以往的研究进行了分析，结果表明，经过特定的嗅觉训练，多种类型的嗅觉障碍患者的嗅觉功能均得到了显著提升。

在嗅觉训练中，关键在于每日主动嗅闻特定的气味以增强嗅觉敏感度。众多研究指出，每日两次，每次至少持续 10 秒地嗅闻花香、柑橘类香味、香辛料香味及树脂类香味这四大类气味，并坚持 4 至 6 个月，能够有效提升嗅觉功能。如果你想严格遵循此方法，建议在芳疗或香气专家的指导下挑选适合的 4 种气味，并每天进行两次正式的香气正念练习，每次练习时长为 10 秒。不过，不必拘泥于这种正规的训练方法，也可以从日常生活中的各种气味入手，开始嗅觉训练之旅。将香气正念融入日常，同样能达到提升嗅觉的效果。

5 实验室观察 科学实证香气对身心的神奇扭转力量

香气不仅能够影响身体机能，还能引发人内心的变化。为了深入探索香气的这一作用，科研人员正在开展一系列广泛的研究。这些研究涵盖了多个方面，包括利用脑成像和脑电波技术观测大脑活动，监测心率、体温、血流和唾液等生理指标的变化，以及通过问卷调查、心理测试、投射技术和行为调查等多种手段，全面了解香气对人体和心理产生的各种影响。

这些研究表明，薰衣草花和迷迭香叶的香气可以改变压力激素，玫瑰花的香气可以缓解焦虑，咖啡的香气可以促进脑电波的放松。不只是植物的香气，一些芳香成分（如 α - 蒎烯和丁子香酚等）也可以降低压力激素。

不过，人们对气味的反应并不是完全相同的。识别气味的嗅觉受体存在个体差异，即使感知到相同的气味，该气味唤起的情绪记忆对于每个人来说也是独一无二的。另外，接触气味的环境不同，气味引起的生理反应也会不同，这从饥饿时和饱腹时对咖喱气味的反应差异便可以看出来。

即使在聚会等嘈杂的环境中也能听到别人叫自己的名字，这种现象在心理学中被称为**鸡尾酒会效应**，这表明**知觉不是被动的**。我们无意识地通过嗅觉选择自己需要的信息，因此，同样的香气在不同的情况下感觉不同也是很正常的。**丁子香酚已被证明可以降低压力激素**，在过去，这种气味与牙科治疗有关。1998 年的一项研究表明，从未接受过龋齿治疗的人与在牙科诊所有过不适体验的人，他们对这种气味的生理反应是不同的，有过不适体验的人会出现出汗、心跳加快等恐惧反应。

我在精神心理科工作时，刚刚开始用香气接诊患者，为了弄清楚如何有效利用香气，我进行了反复的摸索和试验。在做芳香治疗师期间，大多数客户本来就对香气的效果和功能抱有期待，期望能够利用香气调整自己的身心，于是，香气便会按照他们的预期发挥作用。在我解释了香气的功能之后，只要按照相应功能选择合适的香气，就会引起他们的生理反应，有效地发挥作用。考虑到**嗅觉容易受到心理暗示的影响这一特性**，出现这种现象就不足为奇了。对于那些联想能力强的人，即便是现实中不存在的气味，只是引导他们联想"这里有某种气味"，也会引发他们的生理反应。

然而，心理咨询师在咨询中接触到的人**大多对香气不是很了解**，有些人甚至对香气感到不安。有的人一听到"香气"二字就会想到香水和化妆品那种强烈的气味，还有人在听到"香气"这个词的时候会感到紧张，离放松相去甚远。不过，当我告诉他们可以使用生活中常见的香气之后，比如西红柿或青椒等食物的香气，还有路边树叶的香气后，他们便会放下心来说："那我可以试一下。"

在心理咨询中，我会使用生活中常见的香气来引导来访者进行香气正念。由香气联想到的意象会引起来访者的情感和情绪上的变化，并影响来访者情绪的质量。香气所带来的效果也会根据当时的情况以及来访者的感知而有所不同。

另外，在一开始的时候，除了明白香气对身体有积极的影响之外，让自己感到安心的环境也很重要。建议你在放松的环境中（如自家餐桌旁或浴缸里）练习香气正念。习惯之后，不论是在会议中、电车上，还是在其他嘈杂的环境里，你都能够轻松做到用香气来调节情绪。

第 4 章总结

对嗅觉研究是在 2000 年左右才正式开始的。

现在，嗅觉的重要性广为人知，已进入应用阶段。

从香气正念的角度来看，嗅觉的生理学有两点需要强调：

● 嗅觉信号直接到达与情绪和情感相关的边缘系统。

● 嗅觉有两条通路，经由鼻前通路的表现为气味，经由鼻后通路的表现为味道。

嗅觉偏好是不断变化的。

有研究称嗅觉丧失和体味变化可能与疾病有关。

嗅觉是生存的重要感觉。

第 **5** 章

AROMA &
MIND
FULNESS

正念与呼吸

何谓正念

我们经常听到有人说："什么是正念？总觉得它很难理解。"关于正念的定义，被引用最多的是乔恩·卡巴金（Jon Kabat-Zinn）提出的定义："通过有目的地将注意力集中于当下，不加评判地觉察所涌现出的体验而升起的一种觉察。"这个定义使正念以现在的形式得到广泛传播。

尽管还有其他各种各样的定义，但以下两点通常被作为正念的两个核心要素：

- **不加评判**

- **觉察当下**

满足这两个要素的即为正念。因此，概念、方法和掌握水平虽有不同，但人们都用**正念**这一词语来表达这种状态。

各种形式的正念

本书介绍的香气正念**也是正念的一种**。其他形式的正念包括专注于进食行为的**正念饮食**，专注于行走时的身体、无关目的地的**正念行走**等。在正念像今天这样广为人知以前，这些正念形式就已经被人们用于心理调节和维持健康了。此外，**正念临在**（mindful presence），即一个人或多个人共处同一个空间，专注感知自身涌现的感觉以及该空间内发生的现象，此过程本身就是一种可以改善人际关系的交流技术。

另外，本书中的**正念冥想**一词，用来表示静坐冥想，即坐禅进行的正念。静坐冥想有多种类型，单从时间来看，有的时间极短，有的则要持续数天。

持续练习是获得效果的唯一路径

有研究表明，正念需要持续练习，而持续练习是需要方法的。通过做工作坊、心理咨询的工作经历以及个人经验，我对这一点深有体会。

关于正念不容易持续练习的原因，我把它进行了分类：

● **寻求正确答案**——"不知道正念这样做是否可以"

● **想要立竿见影**——"感受不到情绪好转等效果"

● **怕麻烦**——"有点难""没动力""我忘了"

下面介绍的**冥想训练**（focused attention meditation）可以作为正念的导入练习，帮助初学者进步。这是一种将注意力持续集中在一个对象上的练习。

冥想训练

① 将注意力集中在一个对象上，例如自己的呼吸或蜡烛的火焰。

② 当注意力分散时，意识到自己的注意力分散，然后不受其影响，不受其束缚，将注意力重新集中到原来的对象上。

③ 练习时间和练习时长无关紧要。碎片时间也可以，在时间方便时练习即可。当你持续地练习后，你会对注意力分散的瞬间更加敏感，并且能够冷静地进行处理。

香气引导的正念练习可以被视为一种冥想训练形式。随着你不断实践冥想，并逐步深化对当下正念的感知与把握，这个过程将不再引发你的紧张情绪。正念冥想本质上是一种促进你放松、远离压力的体验，它能赋予你内心的平静与安宁。

当你掌握了在日常意识与正念状态之间灵活转换的能力后，你的心灵便能更快地摆脱纷扰，达到深度的宁静状态。无论是在家中、户外，还是在工作场所，无论是在清晨、午后，还是在夜晚，即便只有片刻的时间，你也能够轻松地沉浸于深度冥想之中。

正念练习进步的5个标准

正念练习是否有进步，可以用以下5个标准来衡量：

①能注意到自己的体验（**对体验的觉察**）

②能注意到自己当下的行为（**有意识的行为**）

③能不加评判地对待自己的体验（**不加评判的态度**）

④能用恰当的语言表达自己的体验（**描述**）

⑤能接纳自己的感受，不会反应过度（**接纳的态度**）

我们可以用这些标准来加深对意识的理解。意识在正念中是非常重要的。不过，当你正在练习正念的时候，请不要用这些标准来检验自己是否进步或进行任何评价，比如"我需要提高这方面的能力""我还没有掌握这个要素"等等。当你注意到自己产生了这些想法时，请将注意力平稳地转移到原来的对象上。

意识到存在的价值

随着你的正念练习日益精进，你对正念的看法也悄然发生了变化。起初，你或许带着特定的目的去实践正念，比如"追求健康""提升表现"或"实现自我成长"。然而，时至今日，你已迈入了一个可以称之为正念精髓的新境界。这是从"行动模式"（达成目标才有意义的模式）向**"存在模式"（从存在中发现价值的模式）**的转变。

你将感受到当下存在的意义，明白它的价值，目光所及之处都会变得更加细腻而多彩。你会注意到以前忽视的东西，发现身边充满了关怀和温暖。

可以说，这是现实的变化，是新生活的开始，是崭新人生的起点。

正念的发展与传播

正念（mindfulness）一词是 2000 年以后开始传播的。2007 年，日本出版了三本关于正念的翻译图书，并于 2013 年成立了日本正念学会。2015 年的《日经科学》[1]、2016 年的《科学零点》(*Science Zero*)[2] 分别做了正念的专题报道，重点介绍了正念在神经科学方面的作用。

这些推广活动被称为正念运动，据说始于乔恩·卡巴金在 1979 年开展的一个项目，该项目名为 **"正念减压疗法"** (Mindfulness-Based Stress Reduction，简称 MBSR)。这是一个为期 8 周的静坐冥想项目，它作为一种心理疗法，用于缓解传统医疗无法解决的疼痛和痛苦。

静坐冥想有许多不同的类型，而该项目应用了乔恩·卡巴金日常练习的内观（vipassana）冥想。内观意为 **"如实观察"**。

---

1 《日经科学》是日本面向非专业人士的杂志，主要发表自然科学领域的论文。

2 自 2003 年 4 月 9 日起在 NHK 教育电视台播出的科学教育节目。

冥想起源于东方的生命科学

正念所涉及的冥想哲学，乃佛教修行中的一个核心概念，且此概念源远流长，自古流传至今。古印度的生命科学体系与传统医学"阿育吠陀"均强调，为维持个体健康及社会的和谐持续发展，冥想应被视为一种基本的生活技能来实践。这一观念的提出，可以追溯至四千多年前。至今该观念仍广泛流传并被人们所重视。就拿日本来说，认真对待眼前事物的态度，顺应季节的生活方式，还有茶道、花道等"道"的精神，都能让人感受到正念的存在。

让自己沉浸于**超越理性界限**的心境与体验之中，是一种促进精神层面成长与自我修养的旅程。它深具疗愈身心的力量。以正念的视角去拥抱当下的一切，你会发现真实、善良与美好蕴含其中。在这样的生活态度下，我们将不断感受到成长与幸福的滋养，这些是人类历史长河中永远值得珍视与追求的宝贵财富。

正念冥想介入脑科学和生理学的跨学科革命

如今，马萨诸塞大学医学中心采用的正念减压疗法已从美国各地推广到世界各地，它不仅被应用于医疗领域，如疼痛缓解、心理治疗、医疗从业者培训等，还被应用于其他领域，如学校教育、商业、社区建设、人力资源开发、环境教育等。

正念冥想如此广泛传播并引起关注的一个原因是，不仅在心理学领域，研究者在脑科学和生理学等领域也对其进行了研究。它的有效性已经得到了科学的证实。迄今为止的脑电波和脑成像的研究表明，正念冥想会使大脑网络和大脑相关部位产生变化。

研究 1 正念冥想可引起大脑结构和容量的变化

一项针对 51 名慢性身体疼痛患者的研究表明，在传统的医疗干预手段并未能明显减轻他们的疼痛后，引入正念减压疗法结束治疗时，有 65% 的患者表示疼痛症状得到了有效缓解。

此外，脑成像的研究发现，在正念冥想练习者的大脑中，杏仁核神经细胞的细胞体聚集区域的密度有所下降。杏仁核是大脑中直接参与应激反应的部位，它会激活防御系统来应对刺激。这说明，**正念冥想可以抑制大脑对应激源的过度应激反应。**

迄今为止，已有许多关于正念冥想与大脑的相关研究及分析。截至目前，已有统计数据显示，正念冥想导致的大脑结构和容量在 8 个特定区域发生了具有显著优势的变化，包括与信息整合相关的"额极"、与感知身体感觉相关的"躯体感觉皮层和岛叶"、与记忆相关的"海马体"、与自我调节和情绪调节相关的"前扣带皮层和眶额皮层"，以及与脑内信息传递相关的"上纵束和胼胝体"。

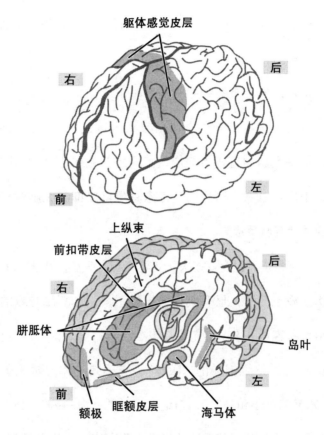

正念冥想可引起 8 个大脑区域的变化

研究 2　改变大脑网络，提升感知能力

正念冥想不仅可以使大脑某些区域的结构和容量发生变化，也可以使连接大脑各区域的神经网络发生变化，这一点已经得到科学证实。其中一项研究表明，正念冥想练习者可以在大脑中建立一个网络，并在内感受性感觉（由身体内部的变化而引起的感觉）和外感受性感觉（由身体外部变化而引起的感觉）之间灵活切换。

请你暂时闭上眼睛，试着想象一下：

你在五月的玫瑰花园里。色彩缤纷的花朵竞相绽放，清爽的微风拂过肌肤，让你感觉心旷神怡。现在，请你靠近花朵，用香气正念感受玫瑰花的香气。

这时，也许有人会说："我能看到玫瑰花的颜色，也能感觉到微风，但我很难感知到身体的感觉。"这样的情况可以通过坚持练习正念冥想来改变。正念冥想能够培养我们感受身体内部感觉的能力。

研究 3 抑制杂念，让大脑得到休息

正念冥想还有减少大脑的能量消耗、让大脑得到休息的效果。

当你在浴缸里泡澡，想要让大脑彻底放松，不去思考任何事情时，你还是会发现有些念头不由自主地浮现出来。不知不觉中，你可能会发现自己正在脑海中思考工作，或者模模糊糊地浮现出一些人际关系之类的琐事。你可能会惊讶地发现，即使在你不需要思考任何事情的情况下，大脑也无法得到真正的休息。就算你没有刻意思考，大脑仍然是活跃的，并且在这个过程中消耗着能量。

大脑中有一种神经活动称为"**默认模式网络**"（Default Mode Network，简称 DMN），是指人们在没做有意识的事情（例如读书）时大脑中发生的活动。即使你看起来在休息，但你的大脑还在为下一个活动做准备，仍然处于待机状态，仍然在不休息的情况下消耗着能量。人脑每天有一半以上的时间都花在 DMN 活动上，据说它消耗的能量占大脑总能量的 60% ~ 80%。

DMN 也是一种与灵感相关的神经活动，它体现了一种高度创造性的思维模式，有时甚至能促成实质性的成果。人们常说"泡澡的时候会想到好主意"，这就是 DMN 活动带来的灵感。

另外，当大脑需要进入深度休息状态时，例如在感到极度疲劳的情况下，DMN 的活动应当被适度抑制。如果 DMN 的活动无法得到有效的抑制，转而进入过度活跃的状态，大脑就无法获得充分的深度休息。这种持续的过度活跃不仅会导致大脑疲劳不断累积，还会引发一系列问题，如白天注意力不集中、精神分散以及工作效率低下等。更有研究表明，DMN 的过度活跃与抑郁症、焦虑症以及注意力缺陷障碍等心理健康问题存在着一定的关联。将正念冥想融入日常生活中，能有效**调控并抑制那些掌管 DMN 的大脑区域过度活跃，进而降低因思绪纷扰所不必要消耗的大脑能量。**

研究 4　激活神经网络，提高工作专注力

正念冥想能显著增强人们在工作中的专注力与效率。通过引导个体维持对"此刻"即"当下"的全神贯注，正念

161

冥想有效地激活了那些与全心投入工作状态下高度一致的大脑神经网络区域，如前额叶皮层、顶叶等，这些区域对于注意力的集中、信息的处理以及决策的制定都起着至关重要的作用。

在正念冥想的实践中，人们被教导将注意力锚定在当前的呼吸节奏、身体感觉或是周围环境的声音与触感上，帮助大脑从日常的纷扰思绪和自动反应模式中解脱出来，减少了无关信息的干扰，使得思维更加清晰有序，达到一种深度集中的状态。更重要的是，它逐渐训练大脑形成了一种在需要时能快速进入并维持专注状态的能力。

研究5 从情绪控制到细胞变化，见证身心的积极转变

许多研究表明，正念冥想所引发的效应超越了短暂的情绪波动，它深刻地影响着大脑结构与功能，带来持久性的正面转变。尽管我们已认识到这些转变与心理学领域中如记忆增强、自我意识提升、压力管理改善以及同理心增强等密切相关，但正念冥想的确切作用机制却因个体的冥想

熟练度及所采用的冥想类型不同而有所差异。目前，关于正念冥想产生的积极效果，以下 3 个方面已经获得了强有力的科学支持：

- **改善注意力** 能调整自己注意的对象，轻松切换注意力，专注力得到提高。

- **提高情绪控制能力** 能保持情绪稳定，更好地处理情绪，能够有意识地表达情绪。

- **使自我意识和自身体验发生变化** 身体感觉变得更加敏锐和细腻，具有调节平衡的能力。

此外，科学研究在探讨正念冥想的影响时，不仅聚焦于大脑层面，还深入到了构成冥想练习者身体的细胞内部，具体研究了作为生物遗传信息载体的 DNA 末端结构——端粒的长度变化，以及端粒相关酶的活动情况。尽管当前这些研究尚未达到能够形成确凿结论的成熟度，但预示着未来对于正念及其冥想效果的研究将更为全面和深入，不只是脑科学，细胞和整个身体网络都将成为研究的对象，而且临床中的实践经验也将为其提供实证支持。

大脑是有**可塑性**的，是会变化的。此外，神经网络也是可以改善的。

这意味着，那些不擅长调节情绪的人、想要更好地利用情绪的人，都可以通过训练改变大脑、改善神经网络，从而提高自己控制情绪的能力。大脑和细胞会根据生活方式和心境发生变化。科学研究已经证实，持续练习正念可以改变一个人，改变一个人的人生。

正念被科学证实的最新理论

正念所展现的积极效果已经引起了临床心理学界的广泛关注，被普遍应用于促进健康维护、心理问题改善、个人成长与发展等多个领域。

一种强调科学的行为疗法

临床心理学致力于不断积累知识，以解决个人与群体所面临的各种问题。在该领域内，当前存在着三大主流理论学派，其中，**行为疗法**学派因其研究方法的高度科学性而尤为突出，它建立在行为疗法理论的基础之上。

行为疗法已经从第一代发展到现在的第三代。第一代行为疗法将人的行为视为"刺激和反应"的结果。第二代增加了"认知与思维"，认为人的情绪来自人对现实的看法、对事件的评价，而非来自事情本身，这种**认知行为疗法**得到了广泛的传播。认知行为疗法不仅对行为疗法学派影响至深，也对整个临床心理学和心理治疗领域产生了重大的影响。

近年来，行为疗法已进入第三代。**正念作为第三代行为疗法正在被广泛应用。**

正念在第三代行为疗法中的应用

正念减压疗法针对疼痛患者的应用已进一步融入正念认知疗法（Mindfulness-Based Cognitive Therapy，简称MBCT）之中，这是一个专门设计用于治疗抑郁症等精神健康问题的医疗方案。MBCT 的核心在于正念冥想实践，同时结合了心理治疗中常见的日记记录与心理教育等手段。英国国家卫生与临床优化研究所推荐该疗法与认知行为疗法一起使用，用来预防抑郁症的复发。

应用了正念的第三代行为疗法还有接纳与承诺疗法（Acceptance and Commitment Therapy，简称 ACT）、辩证行为疗法和元认知疗法等。这些疗法被用于**抑郁、焦虑、情绪控制困难和身体痛苦症状等治疗**，且已被证实有效。

日本的森田疗法

有人指出，正念与诞生于日本的心理疗法"森田疗法"类似。森田疗法是由日本的精神医学家森田正马于 1919 年的明治时期创立的，当时日本为发展近代化而学习西方先进知识，那时候人们的价值观和生活方式想必与今天一样，发生了翻天覆地的变化。

森田疗法注重"不问"的态度，即不把问题或症状视为问题。森田认为**"感到焦虑是很自然的，试图找到原因并消除它只会加深痛苦"**，他鼓励患者**"顺其自然，为所当为"**，接纳现状，努力做好当下应该做的和能做的事，全身心地投入日常工作中。森田疗法作为一种诞生于日本的传统心理疗法，在海外也获得了一定的赞誉，被广泛应用于神经病的治疗以及缓和医疗等。

通过身体来影响心灵的身体心理疗法

正念也被视为一种**身体心理疗法**（Somatic Psychotherapy），即专注于身体并试图从身体获得觉知、由身体影响心灵发生变化的心理疗法。

身体发出的信息与长期持续的身体记忆有关，这种记忆与那些能够用语言表达出来的、容易想到和记住的事情是不同的。

因此，人们开始将正念这样的身心疗法与以语言交流为主导的心理咨询，以及其他多样化的心理治疗方法相结合，旨在触及那些单纯依靠语言治疗难以触及的**心灵**层面。这种方法能够**对深植于身体中的记忆以及由特定事件触发的生理反应产生直接且深远的影响**。

正念在组织发展等多领域的应用 🌿

　　众所周知，许多成功的企业家、运动员和艺术家都**将冥想融入了日常生活中**。美国苹果公司的史蒂夫·乔布斯（Steve Jobs），美国星巴克公司的创始人霍华德·舒尔茨（Howard Schultz），还有巴西格斗家雷克森·格雷西（Rickson Gracie），他们都是著名的冥想者。

　　即便是在我的周围，也有很多朋友在利用正念冥想进行心理调节，他们之中有探险家和冲浪者，也有科研工作者和商人。

大多数工作技巧都只是对症治疗

　　在现代价值观中，人们更注重**成果**。如果你是一名商人，你需要稳步实施利润增长战略，以持续的经营来回馈社会；如果你是一名运动员，你需要发挥出高水平的运动能力，在比赛中获胜，获得高分，或取得某种成就；如果你是一名科研工作者，你需要与他人协作，挑战未知领域，为社会创造效益；如果你是一名视频博主，你需要想方设法提高视频的播放量，来扩大自己的影响力……我们生活在一个注重成果的社会，因此，教我们如何"提升工作表现"的指南层出不穷。我在书籍、媒体以及近年来的视频中看到过各种"技巧"，例如时间管理等工作技巧、沟通技巧等等。然而，据我所知，**大多数"技巧"都只是技术论，只是一种"对症治疗"**。不管如何磨炼这些技巧，如果驾驭这些技巧的人没有改变，都很难取得更大的成果。

提升个人格局，进而提升工作表现

如果可以升级自己的"操作系统"，岂不是一件好事？然而，这不是一蹴而就的。

近年来，关于个人和组织成长的研究不断取得进展。这些研究表明，提升工作表现不仅依赖于工作技术与能力的提升，还离不开个人格局的提升。格局的提升并非仅仅通过完成工作任务即可达成，它要求个体能够接纳当前发生的各种现象，包括那些对自身不利的情况，**把当下的现象当作事实去接受，积极面对不确定性因素**，明确任务，设定适当的目标并执行，然后再次挑战……如此不断重复下去。

在当今需要快速决策的世界中，这个过程可能并不容易。但是，将意识集中在当下、洞见事件的细微之处，可以提升个人的格局，进而提升工作表现。

提高情商

有的企业在人才培养中非常注重人才格局的提升，比如谷歌公司。谷歌公司创立了基于正念的情商培训课程，该课程名为"探索内在的自己"（Search Inside Yourself，简称 SIY），由陈一鸣开发，深度融合了神经科学、情商和正念三大核心要素。

情商这个概念因丹尼尔·戈尔曼的《情商》（*Emotional Intelligence*）一书而广为人知。情商理论创始人彼得·萨洛维（Peter Salovey）和约翰·梅耶（John D. Mayer）给情商下的定义是："情商是指个体监控自己及他人的情绪和情感，并识别、利用这些信息指导自己的思想和行为的能力。"

在三大核心要素中，正念能够帮助个体增强注意力，进而提升个体对自我及周遭环境的敏锐感知力。通过持续的正念训练，个体对当前状况的理解会变得更加深入细致，同时，对周围环境的关注与响应能力也会得到增强。换句话说，正念可以提高人的情商。

提升个人情商不仅能够增强个人的工作表现，还能积极转变组织氛围，最终对整个组织的绩效产生正面影响。因此，通过正念来提升个人情商，是推动**组织整体提升**的有效途径。谷歌的 SIY 课程正是运用正念这一理念，促进组织成长与进步的。

提高共情力，防止职业倦怠

正念与情商的关联不仅被运用在提升表现方面，还被运用在解决其他问题的培训项目中。

情商有五个要素：**自我意识、自我管理、自我激励、共情力和社交能力**。其中，**共情力**是提升个人表现和团队表现的重要能力。觉察到对方的需求和问题的能力是工作中的基本能力，是任何组织都需要的能力。

共情力对于接待服务业（旅游行业、医疗行业、福利行业等）尤其重要，因为在这些行业中，考虑到顾客感受的服务也是一种商品。

有共情力的前提是对自己情绪的敏锐觉察。接待服务业不同于简单的脑力劳动和体力劳动，属于**情绪劳动**，是要求从业人员严格控制自己情绪的行业。科学研究已经证实，正念具有调控情绪的功能。此外，正念还能增强个体的自我认知，这是提升共情力的关键要素。

在医疗行业和服务行业的培训需求不断增加

卡巴金的正念减压疗法也被应用于医疗从业者的培训。医疗行业也属于接待服务业的一个分支，这是一种对情商要求很高的职业，并且从业者很容易因情绪劳动而导致职业倦怠。

为了支持接待服务业的从业人员能够持续完成工作，防止由情绪劳动造成职业倦怠，在福利行业和服务行业中，将正念纳入培训课程的需求日益增多。当然，仅通过一次培训很难看到效果，正念需要在平时生活中持续地练习。

正念冥想的副作用

前面已经介绍过，正念冥想不仅可以让人缓解压力，还可以让人提高专注力和情绪调节能力，给自身体验带来变化。另外，正念冥想还可以让人提高自我理解能力，提高情商，提升表现，营造更好的环境氛围。

那么，正念冥想有什么副作用吗？

日本厚生劳动省[1]为推进综合医疗信息传播推广项目，开设了综合医疗信息传播网站。网站发布的信息虽未涉及正念，但有关于冥想的介绍，登载了由美国国家补充和综合健康中心（NCCIH）公开的定义而翻译的信息。其在"冥想的安全性与副作用的科学依据"部分中有如下描述："冥想对于健康人来说通常是安全的，对于有心理问题的人，也有报告指出冥想会使他们的症状恶化。"

但是，作为注意事项，相关信息中明确记载了"请不要用冥想来代替常规的医疗手段，或将冥想**作为推迟到医疗**

---

1 厚生劳动省是日本负责医疗卫生和社会保障的主要部门。

机构就诊的理由"。这是为了防止人们在罹患如癌症等重大疾病时，因为冥想而错过了及时接受治疗的机会。这或许可以说是冥想的一个副作用。

出现幻觉妄想或躁狂状态

冥想引起的负面影响和副作用，在其发展历程中也并非完全没有。坐禅修行期间出现幻觉妄想状态被称为**禅病**（Zen sickness）。据说有人在参加了为期三天的冥想营后，感觉自己精神异常，已达到需要住院治疗的程度，还有人出现躁狂发作需要医疗干预的情况。另外，也有人称，在正念冥想工作坊中，感觉自己似乎变成了另外一个人，会感到恐慌、身体颤抖、头痛，还有一种与社会的疏离感。

积极地过好现实生活

尽管正念冥想通常不会导致精神健康问题，但它也可能带来某些对生活质量和个人表现不利的潜在风险。例如，个体可能会开始避免批判性思维，对所有问题采取一种**被动接受**的态度，而非积极寻求解决方案。此外，**过度依赖**

领导者或指导者的教导，可能会导致个人丧失独立解决问题的能力，甚至放弃对自己人生的主导权。

对于自我功能较弱或已患有精神疾病的人而言，这些风险尤为值得关注。同时，对于健康状况良好的人来说，认识到这些潜在风险同样至关重要。

正念冥想可能产生的副作用，似乎与过度依赖冥想实践本身或导师的专业资质有问题有关。除非是在被迫的情况下进行冥想、将生活中的大部分时间都投入冥想中，或是在脱离日常生活环境的情况下持续不断地冥想，否则，在适度的情况下，正念冥想可以说是一种极少引发副作用的方法。短时间地用心感受当下、觉察当下的正念练习，基本是没有副作用的。建议那些想要真正尝试正念冥想的练习者，不仅要了解正念冥想的做法，还要了解正念冥想的概念及风险，并选择在有一定知识储备的导师带领下学习。

不追求立竿见影的效果，也不过度依赖，可以说，这样的正念便是帮助你积极过好现实生活的一个可靠方法。

有意识地运用呼吸

我们"存在"于此，我们"存在"（being）时必须做（doing）的事情，就是**呼吸**。

一般而言，身体能够依据心态、状况及环境的变化进行自动调节，维持一种稳定的状态，这被称为"体内平衡"。它确保了心脏的跳动、血管内腔的调节、体温的维持以及出汗等生理功能的正常运作，而这些往往在我们的意识之外悄然进行，我们无法直接控制。然而，呼吸是个例外，我们可以有意识地参与其中并对其进行调控。

呼吸无须借助任何工具或特殊准备，便能对身心产生深远的影响。那些深谙此道的人，都极为重视呼吸，并将其巧妙地应用于心理健康的维护和身心的调节之中。

有意识地呼吸带来内心的平静

呼吸由位于大脑深处的脑干控制，特别是延髓。除了运动之外，该区域还受到觉醒状态、疼痛等刺激以及情绪和

177

情感的影响。

运动时，血液中的氧气量减少，二氧化碳量增加。因此，我们需要从外界吸入更多的氧气、排出更多的二氧化碳。我们的身体受自主神经系统的控制来调节呼吸活动。那么，当一个人感到心理压力时，他的呼吸会发生怎样的变化呢？呼吸的频率和单次呼吸的换气量会根据应激源（压力的来源）的类型而发生变化，**或者增加呼吸频率，或者增加换气量，以此来增加单位时间内的总换气量。**当感到疼痛，尤其是急性疼痛时，我们就是以这样的方式来调整呼吸的。

呼吸法的精髓 🌿

有意识地引导原本无意识的呼吸过程，这便是**呼吸法**。自古以来，呼吸法在传统医学与宗教仪式中便占有一席之地，被广泛用于疾病治疗、健康维护以及寻求精神启迪等方面。时至今日，尽管其效用仍处在持续的科学研究之中，但呼吸法的应用历史已颇为悠久。

呼吸法有很多种，但不管应用哪种呼吸法，最重要的是掌握以下精髓：

呼吸法的精髓

①先呼气。

②再用鼻子吸气。

呼吸从呼气开始。把气完全呼出后，外界空气进入身体进行气体交换，此过程即为吸气，此时以鼻子作为通路。

鼻子用鼻毛和鼻黏膜防御空气中的灰尘和细菌，并对空气进行加湿和加温，将其调节为对身体没有负担的状态。人体虽然也可以用口呼吸，但嘴主要是摄取和消化食物的器官，它不具备鼻子那些对空气的防御功能。因此，从功能性的角度来看，是不建议用口呼吸的。

鼻子既是呼吸通路，又是嗅觉器官。在没有做任何运动的情况下，一般来说，成年人每分钟呼吸约 12~20 次。每次呼吸时，空气通过鼻子，挥发在空气中的气味物质就会自然地进入鼻子。**我们必须让空气通过鼻子才能生存。不管我们是否愿意，都会感知到气味，这就是嗅觉。**

感到焦虑时，请缓慢呼气

即使没有意识到，你的身体也在自动控制着你的呼吸。不过，当你心率加快、呼吸短促或感到焦虑时，你可以有意识地延长呼气时间，缓慢地进行深呼吸。

这是因为，在呼气的时候，控制心率加快的自主神经系统将发挥作用。有意识地控制呼吸可以缓解窒息感。

腹式呼吸法：有效的日常放松与内省工具

自古以来，呼吸法便在传统医疗领域中被广泛应用。时至今日，它也成了科学研究的焦点。在进行相关研究时，为了确保比较对象的一致性，科学家们会精心设定实验条件。实验条件的不同，可能会导致研究结果产生差异。

腹式呼吸法的放松效果已经通过针对多项生理指标的研究得到了证实。在进行腹式呼吸时，呼气过程伴随着横膈膜的上升和腹部的收缩，而吸气时则是横膈膜放松，使得空气得以顺畅地进入肺部。

在心理咨询中，咨询师常常需要引导来访者进行放松。这是因为，感到身体安全和精神放松有利于保持健康，恢复活力，促进社交互动。在日常生活中，无论是寻求一个有效的放松途径，还是渴望进入内省状态，抑或是当我们脑海中浮现出某个场景，甚至是处于极度兴奋时，腹式呼吸法都能在不需任何特殊准备的情况下，有效地帮助我们平复心情，让大脑从过度活跃的状态中暂时解脱出来。

然而，**有的人会感觉腹式呼吸法有些难**。当我说"注意你的横膈膜……"时，有人一听到这个词就会紧张。对他们来说，想象"将香气储存在腹部""用腹部感受香气"

似乎更容易一些。所以，我常常借助香气让他们的腹部鼓起来。

呼吸改变社交

在进行香气正念练习时，个体会有意识地呼气，并将香气引导至腹部。这种有意识的呼气动作能够加深呼吸的深度，促使身体的感觉通过传入神经传递至大脑，进而营造出一种放松且平静的感觉，让人深切地意识到"这里很安全"。

与呼吸相关的肌肉活动能够传递**非言语信息**。当我们进行深呼吸时，它仿佛在无声地说："和你在一起，我感到很放松。"这样的信息被对方接收后，会让对方感受到你是一个安全的存在，进而促进双方之间的亲近与交流。同时，对方也会以相似的身体语言——"和你在一起，我也很自在"作为回应。这种相互的反馈不仅增强了你自身的安全感，而且对方的身体感觉也会通过神经传递至大脑，产生放松与舒适的感受。

深呼吸为双方的友好交流营造了一个安全舒适的空间。

当然，在诸多因素的影响下，情况可能并不总是如此。不过，生理学研究表明，当你有意识地深呼吸时，你会为自己和对方营造一个包容且平和的环境氛围，从而促进社交互动。

6 日常探索　天然香气与人工香气

　　你听说过"自然缺失症"（nature-deficit disorder）吗？这是美国记者理查德·洛夫（Richard Louv）于 2005 年提出的。理查德·洛夫认为，城市生活使儿童与大自然的接触时间越来越短，导致儿童的身心出现问题。他强调了人类接触大自然的重要性。

　　我们的生活是怎样的呢？我们待在空调房里，在铺好的道路上行走，边玩手机边吃饭……在这样的城市生活中，我们几乎闻不到大自然的气息。提起香气，也许有些人只能想到香水、香皂、洗衣液和衣物柔顺剂等人工合成物散发出的香气吧。

　　从化学的角度来说，合成香料和天然香料是具有相同结构的物质，并不是说合成的就对身体有害，而天然的就是安全的。不同的浓度与混合比例会致使有些合成香料的气味较为强烈，而低于检出限的微量成分，也可能散发出类似天然香料的那种幽深且立体的香气。

当你通过香气正念对香气的体验加深之后，你便能够发现香气带来的身体变化。

意识到自然中的香气以后，我便无法忍受强烈的气味了。

我能感受到高汤和食材本身的香味了，所以，食物的调味变得更淡了。

就像这样，因为香气正念，很多人的气味敏感度发生了变化。

另外，如果在工作坊等场合中问大家"哪种香气是合成的，哪种是天然的"，即使参加者接触过很多香气，能回答出正确答案的比例也并不高。

"我还以为这个是天然的呢，因为它更好闻。"参加者惊讶地说出他没有答对的原因。有一项研究称"**人们倾向于认为好闻的香气才是天然的香气**"。

随着香气体验的增加，嗅觉会变得更加敏锐。通过练习正念，即使是很淡的香气，也能使人感知到身体的变化。这会让我们变得更喜欢柔和淡雅的香气，而非浓郁强烈的香气，但这并不意味着我们一定更喜欢天然的香气。

正如气味偏好研究所示，从胎儿时期就开始的气味学习因人而异，有人觉得人工香气更好闻，有人觉得天然香气更好闻。也许，正是这些先入之见使人们难以区分人工香气和天然香气。

要在香气中体验到舒适与愉悦，关键在于气味不宜过于浓烈。过于浓重的香气可能会使你的心情变差。这种不适感实际上是一种感官上的"暴力"，并可能在身体上留下负面的情绪印记。

在日常生活中，只要稍微注意一下自己的嗅觉，你就会发现周围充满了淡淡的香气。

第 5 章总结

正念是

不加评判

觉察当下

的意识状态。

人们从生理学和脑科学的角度对正念冥想进行了研究，证实了它的有效性。

正念冥想被广泛应用于多种场合的培训中，旨在促进健康状况与生活质量的提升，同时增加个人的视野广度，提升个体的社交技巧及综合表现。

呼吸是气味的通路，

对身体、心灵和社交产生着影响。

第 6 章

AROMA &
MIND
FULNESS

香气正念的技巧与习惯养成法

提升效果的 7 个科学习惯养成法

香气正念虽然很简单，但是，无法在香气正念中感觉到情绪变化的人也是有的。

对于五种感官的使用，我们已经再熟悉不过。但在学习新技能时，即便是这些熟悉之事，也可能要求我们投入更多时间。香气正念作为一种与日常嗅觉体验紧密相连的全新意识运用方式，确实需要练习一番方能掌握。通过坚持不懈地实践，你将逐渐精进对嗅觉的意识运用技巧，并提升嗅觉的敏感度，最终培养出一种能够自如感知并享受香气的身心状态。

本章将介绍 7 个实用方法，教你轻松有效地将香气正念和香气正念冥想融入日常生活。此外，我们还将深入探讨 3 种特定情境，在这些情境下调节情绪尤为关键。在本章的最后，我将分享如何发现并选用能够影响情绪的香气，以及找到最适合你的专属香气。

从今天开始，请通过以下 7 个习惯来感受香气吧。如果你觉得全部完成很难，就从你认为最容易的一个开始。如果你成功地将其中一个培养成**日常习惯**，那么你将能够切实体会到香气给身心带来的益处。

这里介绍的都是实用的方法，请根据自己的实际生活和喜好多多实践。现在的习惯将塑造未来的你，因为你的大脑和你的生活本质上是灵活的，是可以塑造的。

习惯 1 【醒来时】精油的香气让人神清气爽

从睡梦中醒来时，感觉身体无比轻盈，这样开始新的一天，岂不是很美妙？

我们可以在睡觉前将香气源放在触手可及的地方，让自己在早上醒来时，通过一个简单的动作就能立即闻到。例如在芳香疗法中使用的精油，一打开它的盖子，就能闻到植物的香气。可以调整瓶子与鼻子之间的距离，以此来调节香气的浓度。**薄荷、迷迭香、柠檬等的清爽香气**都是不错的选择。

如果你感觉精油的香气太浓，可以买一个混合天然香气的清爽喷雾，或者在睡觉前将一些自己种植的香草叶（例如薄荷叶或迷迭香叶等）装入塑料袋中，再放在床边。

当你早上醒来时，半睡半醒也没关系，请把香气源拿在手里，练习香气正念，用腹部感受香气。只做一次呼吸也可以，即使做三次呼吸，也只需几十秒。当你随着呼吸感受自己的身体时，你可能会"想摇摇身体""想动一动"或者"想伸一个大大的懒腰"。这时，请满足身体的需求，跟随自己的意愿动动身体吧。

习惯 2 【早晨十分钟】练习香气正念冥想

早晨时分，杂念相对较少，是投身于正念冥想的理想时刻。静静地端坐，让身心沉浸于地板给予的稳固与安宁之中，这段冥想时光能为全新的一天铺垫平和的心境基调。清晨的空气格外清新，令人心旷神怡，能够有效提升自我认同与肯定的感觉。

不妨用鼻子轻轻捕捉那些令人愉悦的香气。有些人在早晨时分嗅觉更为灵敏，或许能更深刻地感受到香氛的细腻与浓郁。不过，建议避免选择过于刺激的香气，淡雅的热茶和柑橘皮的香气比较适宜。将这些香气源置于你最感放松与舒适的位置，让这份清新伴随你的冥想之旅。

　　盘腿坐在地板上。如果不方便盘腿，也可以坐在椅子上。关键在于保持背部的自然挺直，以这样的姿态来实践香气正念冥想。随后，用鼻子进行深呼吸，缓缓引导自己进入香气正念冥想的状态之中。

习惯 3 【开始工作时】给自己来杯热饮

现在，开始工作吧。在家工作的人可能会感觉很难在工作模式和非工作模式之间切换，也很难提起干劲；乘电车上下班通勤的人，可能会遭遇电车晚点的情况，或是在拥挤的车厢入口被不愿挪动的人阻挡，这些经历容易让人感到焦虑和烦躁；而那些骑自行车或开车上下班的人，则需要在来来往往的交通中迅速做出判断，这让他们在无形中感到紧张。

你是带着这样的情绪开始工作的吗？倘若带着这样的情绪去回复邮件，很可能会误读对方的心情。而带着这样的状态投入工作，极有可能在处理重要事务时出现差错。

请养成每天在工作前喝杯热饮的习惯吧，这样能调节好情绪，以良好的状态工作，避免让个人情绪影响你对他人或信息的判断。

选择热饮时，可以试试那些带有温馨香气的饮品。避开冰咖啡，选择现磨现冲的热咖啡；放弃瓶装茶，享受刚泡好的热茶。

当你感受着袅袅上升的热气，伴随着扑鼻而来的香气，不妨借此机会进行几次香气正念呼吸。你还可以尝试将热饮含在口中，轻轻合上嘴唇，通过鼻子缓缓呼气，让香气在口腔中尽情弥漫，用腹部去感受进入鼻子的香气和口中的香气，用香气正念来享受那杯热饮吧。

习惯 4 【即将发生争吵时】闻闻自己的手腕

你正在与某人交谈，讨论逐渐激烈起来。如果自己的意见不被理解、被单方面否定，你自然会失去冷静。在这种紧张的气氛下，你的情绪激动起来，心率也在加快。

压力会引起身体反应并缩小视野。在狭隘的视野下，争论只会变得片面。但只需稍微冷静一下，你的视野就会扩大，你就能看到问题所在。争论的焦点是什么？真正的问题在哪里？用全局的视角去俯瞰当前的情况，或许就能提出好的方案。

这一行为基于领地本能理论，因为手腕散发的气息纯粹属于自我，能给人带来一种安全感。实践"香气正念三次呼吸法"时，**先通过鼻子缓缓呼气，随后用腹部去感知**

手腕上的气息。如果需要快速恢复冷静，请加快呼气节奏，直至彻底呼出；或者简单地进行一次深呼吸，用腹部感受进入鼻子的气味。

这种方法被称为**愤怒管理**，是一种应对愤怒情绪的有效技巧。近年来，随着社会的快速发展，对这类情绪管理技巧的需求日益增加。

从生理学的视角来看，利用香气结合正念进行愤怒管理同样有着坚实的理论基础。当愤怒情绪涌出的瞬间，请用腹部仔细感受一下香气吧。

习惯 5 【用餐时】享受食物的香气

食物的香气是我们日常生活中最常见、最能直观感受自然的一种气息。

你是否也有过一边吃午餐一边在电脑前工作或看手机的经历？这样的午餐，能让你感受到食物带来的快乐吗？

午餐时间，**停止说话或工作，用心体会食物的香气吧**。如果太难，那 1 分钟也行，甚至 30 秒也可以。

味噌汤、烤鱼、蔬菜、焙茶……仔细感受进入鼻腔的香

气吧。含一口食物，享受香气在口中四溢的感觉。食物的
香气、味道、嚼劲和口感都会让你有着不一样的心情。根
据自己当时的心情去选择食物和饮品，感受各种香气的融
合，享受香气带来的快乐吧。

习惯6 【泡澡时】在浴缸的水汽氤氲中感受香气

泡澡是我们生活中难得的放松时间。泡个澡，缓解疲
劳，洗去污垢，让心情焕然一新吧。

在浴缸中加入有香气的植物叶子、柑橘皮或水果，就可
享受当季的草药浴了。将它们放入滤网中，用橡皮筋绑住

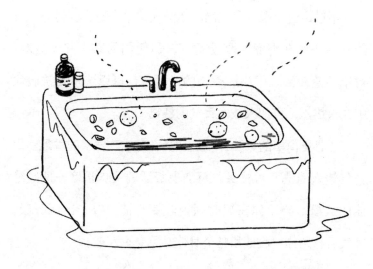

197

开口，扔进浴缸即可。几个小时后，内容物发软了，就可以连同滤网一起扔掉。

泡在温暖的热水中，深呼一口气，感受自己背部放松、身体下沉的感觉。当气息完全呼出后，让进入鼻子的香气传遍全身。肩膀放松，心胸打开，感受身体漂浮的感觉。伴随着香气的环绕，让自己沉浸在这种漂浮感中。

在日本，一直有泡澡时享受香气的文化，比如在浴缸中放入一块桧木，或者在水中放一些当季的植物或水果（如鸢尾叶和柚子）。因此，在泡澡时感受香气，应该是很容易养成的一个习惯。

不过，近年来，有泡澡习惯的人似乎在减少。另外，可能有些人想在泡澡时享受香气，但他们的家人并不喜欢。对于不愿在浴缸中添加香气的人而言，可以选择在洗脸盆中注入热水，再加入散发香气的植物。

还有更简单的方法，就是感受香皂或洗发水的香气。用香气怡人的洗发水洗头，再加上舒适的头皮按摩，便是绝佳的放松，会让你在短时间内改变心情。做一次深呼吸，呼气后，用你的腹部和整个身体来感受香气吧。

泡澡时练习香气正念，再加上热水浴的效果，可以让你内心平静、全身放松。泡完澡后立即钻进被窝，体温下降后，你就会自然地进入梦乡。如果你在睡觉前养成了这个习惯，泡澡时的香气就会成为宣告睡觉的**气味符号**，这种气味符号会使你的身心产生反应，为你带来良好的睡眠。

习惯7 【入睡前】躺在床上练习香气正念

睡前时间如何度过将直接影响睡眠质量。良好的睡眠质量对于健康的生活至关重要。听说有些人喜欢在睡觉前玩手机或看视频，从睡眠质量的角度来说，这可不是一个好习惯。

睡眠会影响白天的情绪。要想保持良好的中性情绪，睡眠是万万不可忽视的。

有时你可能会因为某种原因而难以入睡。不要着急，**躺在床上练习香气正念吧**。

选择一种能让自己呼吸加深、内心平静的香气。可以在手里拿一块散发香气的桧木或杉木片。要是沐浴后留在身上的香皂或洗发水的香气、乳液或护手霜的香气能让你感到愉悦，那么利用这些香气也是可以的。如果使用精油，请将一滴精油滴在纸巾上，将其放在胸口。需要注意避免使用明火，例如芳香疗法中使用的蜡烛型扩香器。

呼一口气，感受香气进入鼻子，用腹部感受香气。继续以鼻子平稳呼吸，感受香气到达身体的每一个角落。

用香气调节情绪的 3 种特定情境 🌿

用香气调节情绪时，不要想着"我要改变心情"。因为越是刻意不去想它，它反而越容易萦绕于心。关键在于放松心态，用整个身体去感受香气从鼻尖传递到腹部的感觉。

不过，也有不论怎样努力都无法转换心情的时候。

情境 1　情绪低落时

怎么也提不起干劲。

无法开始工作。

那件事自己做得对吗？

那个人说的话到底是什么意思？

生活并不总是开心的，谁都会有沮丧的时候。虽然尝试了香气正念，但脑海中反复出现的思绪又让心情低落下来，这种情况也是有的。

在这样的时候，**给你的情绪一个空间吧，让自己在这个空间里有所觉察、有所学习**。不需要立即开始，在你觉得

"可以开始了"的时候再实践也不迟。尽量不使用手机或电脑等电子设备，准备纸、铅笔（或蜡笔、钢笔），和你身边你最喜欢的香气。

首先，选取一款与你当前心境相契合的香气，轻轻将香气源置于鼻尖，开始练习香气正念。接纳自己心里那个"疙瘩"一样的感觉，接纳内心浮现出来的所有话语。无须思考，也无须反思，只是像自动记录员一样把这些话语都记下来。

不需要任何评价或判断，例如"你不应该这样想"，只是接纳自己的想法和感受。写到十分钟左右时，你的内心会自然地"觉察"到困扰自己的到底是什么。你会恍然大悟："啊，我明白了！"也许你还会发现自己从未发现的优点或从不知道的一面。

这是与自己的对话，是对自己更深层的了解。

与自己的内心对话之后，你的情绪发生了怎样的变化？如果你仍然感到极度低落或情绪不佳，且持续两周以上的话，这可能就是你的身体或内心发出的求救信号，建议前往医疗机构就诊。近年来，精神心理科为了让患者能够轻松就诊做了很多努力，但仍有些人担心医生会乱开药，这种先入之见导致他们产生恐惧感而害怕就医。对于这类患者，建议他们到值得信赖的权威医疗机构，向专业医生倾诉自己的恐惧感。而对于那些坚决不愿就医的人，他们可以考虑向专业的心理健康顾问寻求咨询。

情境2 心情烦躁时

总是感到烦躁，为一些小事生气。既对这样的自己感到心烦，又对周围的人根本不了解情况而感到恼火……这样的时刻确实存在，或许是因为工作繁重，导致身心俱疲。是时候给自己放个假，好好放松一下，调整一下状态了。

闭上眼睛，用腹部感受你最喜欢的香气，感受整个身体的舒适感。可以的话，持续3分钟。如果3分钟有难度，几秒钟也可以。不作任何评价，只是用你的身体感受香气。睁开眼睛后，你可能会感觉到情绪发生了变化。如果烦躁的感觉很快又回来了，我们就需要想办法了。

睡眠不足、自主神经功能紊乱和内分泌失调也可能导致情绪烦躁。建议你调整自己的生活节奏，注意饮食、睡眠和运动。如有必要，请去医疗机构就诊。

我们隐藏自己的真实感受或真实想法时，也会出现烦躁的情况。如果你回避自己的感受并试图掩盖自己的需求，你将持续感觉烦躁。在这种时候，请给你的烦躁情绪一个空间，了解自己的真实感受，也许就能使情绪平静下来。

在现实生活中，有太多事情是你无法改变的。**接受你无法改变的事实**，是你的一种选择，也是一种智慧。你应该为自己做出这样的选择而自豪，这绝非"别人强加于我的"，而是基于当下的状况，为自己做出的**最优选择**。

当你感到烦躁时，可以像处理情境1那样写下自己的所思所想，也可以试试芳香表达性艺术疗法（涂鸦疗法）。

如果你想尝试更多方法，请向熟知各种心理疗法的心理健康专业人士进行咨询。

情境3　负面情绪爆发时

如果我们能每天心情舒畅、永远开心快乐，那真是再好不过了，但人生在世，总会有暴风骤雨或阴霾笼罩的时候。无拘无束地表达悲伤或愤怒情绪，可能会引发矛盾与冲突，特别是当这种情绪直接针对某个人时，极易升级为暴力行为或骚扰等问题。

因此，在我们的文化背景下，这些情绪往往被赋予了负面评价。所以，人们本能地希望避免负面情绪的产生。那些内心不被社会所接纳的情绪，常常遭到压抑，失去了释放的空间。这些被压抑的情绪会逐渐累积，**汇聚成一股强大的能量，给个人的身心健康带来沉重的负担。**

然而，那些所谓的负面情绪也有其意义和作用。悲伤可以培养共情力，增加人格的广度和深度；愤怒可以加深自我理解，还可以促使自己采取建设性行动，积极改变现状。

在心理咨询中你就会了解到，这些通常被视为负面的情绪也是**有意义**的。

如果接纳它需要勇气，就在一个安静放松的环境中，在让自己安心的香气中，为这种情绪提供一个释放的空间吧。

当你的眼里噙满泪水，就让它尽情流下来吧；当你的身体微微颤抖，就给自己一个温暖的拥抱吧；当你哭出声音，就尽管放声纵情，让你的心也随着身体一起颤抖吧。

当激动的情绪平复下来之后，你可能会感到有些困倦，这时不妨让自己安静地度过这段时光。如果你的情绪久久不能平复，或者害怕独自承受，或者日常生活受到影响，建议去咨询心理健康专家。

找到适合你的专属香气

　　香气正念使用的是日常生活中常见的、能让自己感觉愉悦的香气。美好的香气会让我们身体放松、心胸开阔、呼吸顺畅。寻找能带来这种感觉的香气吧。如果你在刚开始的时候体会不到这种身体感觉，使用自己不排斥或不讨厌的香气即可。

　　那么，怎样才能找到适合自己的美好香气呢？

　　你可以在周围环境中找一找，把注意力放在气味上。餐桌和厨房都会飘散着食物的香气。食材要选择当季的，饮品要选择温热的。香气进入鼻子后以气味的形式传递，当食物进入口腔后则以味道的形式传递。环顾房间，你会发现护手霜、蜡烛、香熏、精油、化妆品、日用品、香皂和洗发水等等，都是日常生活中常见的散发香气的物品。

　　现在去户外走走吧。你可以在户外的空气中感受到季节、生活和文化的气息。触手可及之处，就有鲜花嫩果，也有繁枝茂叶。若是闻不到树皮或树叶的气味，只要用指甲尖轻轻摩擦几下就可以闻到了。蹲下来，在靠近地面的地方，你能闻到泥土、枝叶和花朵的香气。

嗅觉具有适应性，在接触某种气味一定时间后，嗅觉会适应该气味而不再感知它。所以有的时候，当你觉得没什么气味的时候，其实气味仍是存在的。

如果实在找不到合适的香气，可以闻闻自己的手腕或肘部内侧。闻到自己的气味后感叹"啊，真好闻"的人虽然不多，但这确实会给人带来一种安全感。

如果你已经能够从"美好的香气"中体会到身体感觉和情绪的变化，就可以选择香气来帮助自己调节情绪了。

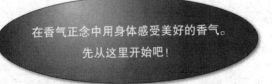

在香气正念中用身体感受美好的香气。
先从这里开始吧！

能让自己身体放松、心胸开阔、呼吸顺畅的香气

利用香气得到需要的情绪

用香气正念调节情绪有两种方式。第一种是**利用香气得到需要的情绪**。

想想音乐的效果吧。运动会和健身房会播放节奏欢快、动感十足的音乐，这是因为节奏会引导我们变得更加活跃。酒店大堂则播放舒缓轻柔的音乐，营造放松舒适的氛围，将人们从日常的忙碌节奏中解放出来。

那么颜色呢？当你感到有些疲倦、想要提起精神时，你是否会尝试佩戴一条鲜艳的黄色或红色领带（或配饰），以此来提亮心情呢？当你想要平静而温和的情绪时，你是否也会很自然地选择穿柔和的咖色或绿色衣服呢？

在练习香气正念时，我们也用同样的方法去选择香气。

例如，当你感觉没有干劲的时候，你可以使用清爽的香气来提振心情、提高专注力；当你感觉自己过于兴奋时，你可以使用让人心情沉稳的香气。

同音乐和衣服的颜色比起来，香气能应对更为细腻微妙的情境，而且在办公室里也可以放心使用。最重要的是，它在瞬间就能影响你的情绪。

利用香气接纳当下的情绪

用香气正念调节情绪的第二种方式，是**利用香气接纳当下的情绪**。

当失去挚爱之人而悲痛万分时，听一听符合当下情绪的音乐，或是观看一部能让自己释放泪水的电影，往往是缓解情绪的有效途径。在经历了那番刻骨铭心的哀伤之后，你会发现，情绪不知不觉间已经发生了变化。

同样，我们也可以**使用符合当下情绪的香气**。

比如，当你感到无精打采、没有干劲时，你可以选择与当下情绪相符、让自己平静放松的香气，而不是强迫自己打起精神来。不否定自己的感觉，接纳情绪本来的样子，让香气到达腹部，仔细感受香气在身体中蔓延的感觉。

如果你尝试使用某种香气，希望它能带来自己需要的情绪，但情绪仍然没有变化，那或许意味着你内心还未准备好迎接这种情绪的转变。这时，更适宜的做法是选择一款与当前情绪相契合的香气，接纳并陪伴自己现有的情绪状态。随着时间的推移，你会逐渐准备好迎接变化，那时，之前觉得"不符合当下情绪"的香气可能就会变得符合了。一旦你的情绪完全准备就绪，就可以尝试利用那些"能激发所需情绪"的香气来引导自己的情绪走向。

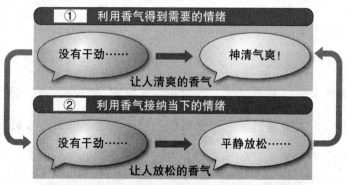

尝试①，如果你感觉自己抗拒这种香气，请转到②

尝试②，如果你已经接纳了自己的情绪，请转到①

用香气正念调节情绪的两种方式

如何找到适合自己的专属香气

下表可以提示你如何找到合适的香气。表中列出了在生活中的不同时间里（例如早晨和入睡前），分别使用哪些香气可以带来相应的情绪。这是我根据自己的实践经验研究总结出来的。

当然，个体是存在差异的，每个人当时的情绪以及能引导情绪的香气也会有所不同。所以，不必拘泥于这张表，表中内容只是一些建议。

我会建议来访者制作自己的**香气日历**。在日历上写下当天的天气、睡眠时间、心情和身体状况，记录每天的香气偏好，以及通过香气正念得到的反应。香气日历可以帮助来访者了解自己的生物节律和香气正念的效果。同时，这些信息对于找到适合自己的身心调节方法也是有用的。

当对生活中的香气变得更加敏感之后，你还可以制作一个**香气矩阵图**，这个图可以用四个象限来直观地展示不同香气如何作用于你的情绪。通过这种方式，哪些香气能够激发你所需要的情绪状态将变得清晰明了。此外，这还是

适合生活中不同时间的香气

时间	情绪	推荐的生活中的香气	推荐的精油
早晨	稳定而踏实的快乐	户外的空气	薄荷、柠檬
		早餐的香气	
开始工作时	心情平静、头脑清晰	咖啡	杉树、枞树
工作中的小憩	短暂地休息、重新回到工作状态	热茶	迷迭香
完成工作后	心情舒畅、有解放感	户外的空气	橙子
回家后	轻松自在	晚餐的香气	柚子
沐浴时	深度放松	香皂、洗发水	桧木
入睡前	幸福、安心	护手霜、护肤品	玫瑰、檀香、薰衣草

注：不必拘泥于这张表，请多多尝试，找到最适合自己的香气。享受这个过程，尊重自己的感觉。

一个极佳的交流契机。当你与他人分享并比较各自的香气矩阵图时，可以共同探讨对气味反应的共性与差异，从彼此的故事中体会到个体独一无二的感受与体验。

213

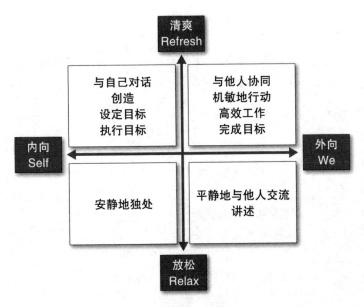

香气矩阵图：情绪

这个矩阵图以我日常生活所需情绪为框架，用四个象限显示了我对不同香气的反应。此图中的框架和反应不是绝对的，你可以根据自己的生活方式和所需情绪构建框架，用自己生活中接触到的香气，制作属于自己的矩阵图。香气是难以捉摸的，在描述它的时候也没有特定的语言规则，跟随自己的内心，自由地创造、享受和表达吧。

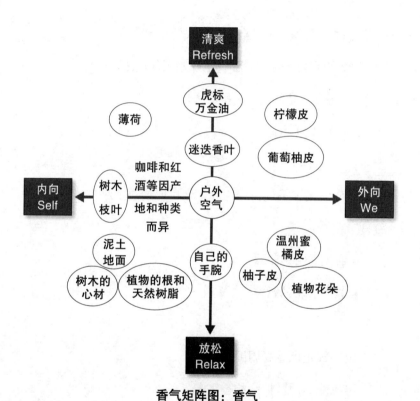

香气矩阵图：香气

第6章总结

将香气正念融入日常的7个关键时刻：

【醒来时】【早晨十分钟】【开始工作时】

【即将发生争吵时】【用餐时】

【泡澡时】【入睡前】

当你习惯了香气正念之后，你可以通过两种方式选择香气调节情绪：

- 得到需要的情绪
- 接纳当下的情绪

用香气正念感受周围的香气，

寻找能够调节情绪的香气吧。

制作香气日历。

制作香气矩阵图。

后　记

每当有香气出现时，我都会屏住呼吸。

"他对这种香气会有什么反应呢？"

我深信，来访者在那一刻展现出的生活态度极为珍贵且重要。因此，我会本能地尽量减少自己的干扰，以免影响到来访者对于香气的纯粹体验。

人类在气味面前往往显得毫无防御之力，它拥有直击心灵的力量。

闻到好闻的气味时，身心如沐春风。

闻到难闻的气味时，身体产生自然反应。

每当来访者动情地讲述他们在日常生活中早已忘却的回忆时，我都能够从中感受到嗅觉的根本性力量。

在把气味应用到临床和咨询的过程中，我经历过无数次迷惘和反复摸索。

特别是在伦理和环境方面，赤坂溜池医院的降矢英成院长、复职支援机构 [1] 的负责人广濑和澄以及提供培训机会的各企业和组织给予了我莫大的关心和支持，在此表示由衷的感谢。

最重要的是，我要对那些与我共同度过人生中一段时光、与我分享香气体验的来访者，还有参加讲座和培训的学生，以及参加工作坊的朋友表示深深的感谢。

本书在写作过程中得到过很多人的帮助。我要向欣然允诺为本书审定的、活跃在国际上的学者、东京大学的东原和成教授致以深切的谢意。

感谢我的朋友坪井贵司教授、藤田一照禅师、池下知巴子女士、中村洸太博士和山内博士，他们帮我检查文稿并给予我巨大的支持。感谢帮助我收集资料的国永麻衣子女士、绘制插图的须山奈津希和三田真理惠、封面设计西垂水敦等。我还要感谢本书日文版的编辑小泽利江子女士，感谢给我执笔机会的所有人，感谢与它有缘的你。谨向各位致以最真诚的谢意。

1　日本的复职支援机构是为因精神疾病或其他原因停职的人提供重返工作岗位支持的机构。通过该机构，人们可以为重返工作岗位做好准备。

参考資料

第2章

（1）総務省統計局　労働力調査平成 30 年平均結果の要約
（https://www.stat.go.jp/data/roudou/sokuhou/nen/ft/pdf/index1.pdf）.

第3章

（1）Baron, R. A. (1997). The sweet smell of... Helping: effects of pleasant ambient fragrance on prosocial behavior in shopping malls. *Personality and Social Psychology Bulletin*, 23(5), 498–503.

（2）Sedikides, C. (1992). Mood as a determinant of attentional focus. *Cognition & Emotion*, 6(2), 129–148.

（3）Jellinek, J. S. (1994). Odours and perfumes as a system of signs. Perfumes. 51–60, Springer, Dordrecht.

（4）Ackerl, K., Atzmueller, M., & Grammer, K. (2002). The scent of fear. *Neuroendocrinology Letters*, 23(2), 79–84.

（5）株式会社資生堂. （2018）. ニュースリリース（https://www.shiseidogroup.jp/news/detail.html?n=00000000002513）.

（6）Siniscalchi, M., D'Ingeo, S., & Quaranta, A. (2016). The dog nose "KNOWS" fear: Asymmetric nostril use during sniffing at canine and human emotional stimuli. *Behavioural Brain Research*, 304, 34–41.

（7）國永麻衣子，神保太樹，鳥居伸一郎. （2019）. スポーツ領域に芳香療法を用いたアロマセラピー導入の一事例. *Aromatopia:The Journal of Aromatherapy & Natural Medicine*, 28(2), 32–35.

（8）ヘレン・L・ボニー，師井和子訳. （1998）. GIM（音楽によるイメージ誘導法）におけるセッションの進め方. 音楽之友社.

（9）松尾祥子. （2008）. Guided Imagery with Aroma therapy 自然の芳香成分を利用したイメージ療法の提案，アライアント国際大学カリフォルニア臨床心理大学院修士論文（未公刊）.

（10）川野雅資，松尾祥子．（2007）．サイコセラピーと薬物療法そしてアロマセラピーを導入した症例の検討．日本サイコセラピー学会雑誌，8, 104–111.

（11）N・ロジャーズ，小野京子・坂田裕子訳．（2000）．表現アートセラピー．誠信書房．

第4章

（1）アラン・コルバン，山田登世子・鹿島茂訳．（1990）．においの歴史．藤原書店．

（2）Buck, L., & Axel, R. (1991). A novel multigene family may encode odorant receptors: a molecular basis for odor recognition. *Cell*, 65(1), 175–187.

（3）廣瀬清一．（2017）．香りアロマを五感で味わう．フレグランスジャーナル社．

（4）Porter, R., & Winberg, J. (1999). Unique salience of maternal breast odors for newborn infants. *Neuroscience & Biobehavioral Reviews*, 23(3), 439–449.

（5）Russell, M. J. (1976). Human olfactory communication. *Nature*, 260(5551), 520.

（6）Okamoto, M., Shirasu, M., Fujita, R., Hirasawa, Y., & Touhara, K. (2016). Child odors and parenting: A survey examination of the role of odor in child-rearing. *PLOS ONE*, 11(5), https://doi.org/10.1371/journal.pone.0154392.

（7）Wedekind, C., Seebeck, T., Bettens, F., & Paepke, A. J. (1995). MHC-dependent mate preferences in humans. *Proceedings of the Royal Society of London. Series B: Biological Sciences*, 260(1359), 245–249.

（8）Roberts, C. S., Gosling, M. L., Carter, V., & Petrie, M. (2008). MHC-correlated odour preferences in humans and the use of oral contraceptives. *Proceedings of the Royal Society B: Biological Sciences*, 275(1652), 2715–2722.

（9）Thornhill, R., Gangestad, S. W., Miller, R., Scheyd, G., McCollough, J. K., & Franklin, M. (2003). Major histocompatibility complex genes, symmetry, and body scent attractiveness in men and women. *Behavioral Ecology*, 14(5), 668–678.

（10）Winternitz, J., Abbate, J. L., Huchard, E., Havlíček, J., &

Garamszegi, L. Z. (2017). Patterns of MHC–dependent mate selection in humans and nonhuman primates: a meta–analysis. *Molecular ecology*, 26(2), 668–688.

（11）Lubes, G., & Goodarzi, M. (2018). GC–MS based metabolomics used for the identification of cancer volatile organic compounds as biomarkers. *Journal of Pharmaceutical and Biomedical Analysis*, 147, 313–322.

（12）Shirasu, M., & Touhara, K. (2011). The scent of disease: Volatile organic compounds of the human body related to disease and disorder. *The Journal of Biochemistry*, 150(3), 257–266.

（13）Pinto, J. M., Wroblewski, K. E., Kern, D. W., Schumm, L. P., & McClintock, M. K. (2014). Olfactory dysfunction predicts 5–year mortality in older adults. *PLOS ONE*, 9(10), https://doi.org/10.1371/journal.pone.0107541.

（14）Cerda–Molina, A. L., Hernández–López, L., Claudio, E., Chavira–Ramírez, R., & Mondragón–Ceballos, R. (2013). Changes in men's salivary testosterone and cortisol levels, and in sexual desire after smelling female axillary and vulvar scents. *Frontiers in Endocrinology*, 4.

（15）綾部早穂，小早川達，斉藤幸子.（2003）. 2歳児の ニオイの選好—バラの香りとスカトールのニオイの どちらが好き？—. 感情心理学研究，10(1), 25–33.

（16）Ayabe–Kanamura, S., Schicker, I., Laska, M., Hudson, R., Distel, H., Kobayakawa, T., & Saito, S. (1998). Differences in perception of everyday odors: a Japanese-German cross–cultural study. *Chemical Senses*, 23(1), 31–38.

（17）Semke, E., Distel, H., & Hudson, R. (1995). Specific enhancement of olfactory receptor sensitivity associated with foetal learning of food odors in the rabbit. *Naturwissenschaften*, 82(3), 148–149.

（18）Jaeger, S. R., McRae, J. F., Bava, C. M., Beresford, M. K., Hunter, D., Jia, Y., ... & Atkinson, K. R. (2013). A mendelian trait for olfactory sensitivity affects odor experience and food selection. *Current Biology*, 23(16),

1601–1605.

（19）新川千歳世.（1988）. 生育環境によるニオイに対す
る知覚認知の差異. 第18回官能検査シンポジウム
発表報文集，153–158.

（20）坂井信之.（2017）. 香りの基礎知識：香りの心理
的・脳科学的な作用（特集 香粧品企業における研
究開発者への "香り" 教育）. Cosmetic stage, 11(3),
33–40.

（21）Sorokowska, A., Drechsler, E., Karwowski, M., &
Hummel, T. (2017). Effects of olfactory training: A meta-
analysis. *Rhinology*. 55(1), 17–26.

第5章

（1）Kabat-Zinn J. (1994). Wherever you go, there you are:
Mindfulness meditation in everyday life. Hyperion.

（2）貝谷久宣，熊野宏昭，越川房子編著.（2016）. マイ
ンドフルネス 基礎と実践. 日本評論社，66–77.

（3）北川嘉野，武藤崇.（2013）. マインドフルネスの促
進困難への対応方法とは何か. 心理臨床科学，3(1),

41-51.

（4）Lutz, A., Slagter, H. A., Dunne, J. D., & Davidson, R. J. (2008). Attention regulation and monitoring in meditation. *Trends in Cognitive Sciences*, 12(4), 163-169.

（5）Baer, R. A., Smith, G. T., Hopkins, J., Krietemeyer, J., & Toney, L. (2006). Using self-report assessment methods to explore facets of mindfulness. *Assessment*, 13(1), 27-45.

（6）Kabat-Zinn J. (1990). Using the wisdom of your body and mind to face stress, pain, and illness. Delacorte.

（7）Hölzel, B. K., Carmody, J., Evans, K. C., Hoge, E. A., Dusek, J. A., Morgan, L., ... & Lazar, S. W. (2009). Stress reduction correlates with structural changes in the amygdala. *Social Cognitive and Affective Neuroscience*, 5(1), 11-17.

（8）Fox, K. C., Nijeboer, S., Dixon, M. L., Floman, J. L., Ellamil, M., Rumak, S. P., ... & Christoff, K. (2014). Is meditation associated with altered brain structure? A systematic review and meta-analysis of morphometric

neuroimaging in meditation practitioners. *Neuroscience &*
Biobehavioral Reviews, 43, 48–73.

（9）Farb, N. A., Segal, Z. V., & Anderson, A. K. (2012).
Mindfulness meditation training alters cortical representations
of interoceptive attention. *Social Cognitive and Affective*
Neuroscience, 8(1), 15–26.

（10）Raichle, M. E. (2010). The brain's dark energy. *Scientific*
American, 302(3), 44–49.

（11）Sheline, Y. I., Barch, D. M., Price, J. L., Rundle, M.
M., Vaishnavi, S. N., Snyder, A. Z., ... & Raichle, M. E.
(2009). The default mode network and self–referential
processes in depression. *Proceedings of the National*
Academy of Sciences, 106(6), 1942–1947.

（12）Brewer, J. A., Worhunsky, P. D., Gray, J. R., Tang, Y.
Y., Weber, J., & Kober, H. (2011). Meditation experience
is associated with differences in default mode network
activity and connectivity. *Proceedings of the National*
Academy of Sciences, 108(50), 20254–20259.

（13）Luders, E., Kurth, F., Mayer, E. A., Toga, A. W., Narr, K. L., & Gaser, C. (2012). The unique brain anatomy of meditation practitioners: Alterations in cortical gyrification. *Frontiers in Human Neuroscience*, 6, 1–9.

（14）Tang, Y. Y., Ma, Y., Fan, Y., Feng, H., Wang, J., Feng, S., ... & Zhang, Y. (2009). Central and autonomic nervous system interaction is altered by short–term meditation. *Proceedings of the National Academy of Sciences*, 106(22), 8865–8870.

（15）Schutte, N. S., & Malouff, J. M. (2014). A meta-analytic review of the effects of mindfulness meditation on telomerase activity. *Psychoneuroendocrinology*, 42, 45–48.

（16）熊野宏昭.（2012）. 新世代の認知行動療法. 日本評論社.

（17）北西憲二.（2017）. 森田療法とマインドフルネス：共通点と相違点（特集 マインドフルネス：精神科治療への導入と展開）. 精神科治療学, 32(5), 665–670.

（18）加藤洋平.（2017）. 成人発達理論による能力の成長 ダイナミックスキル理論の実践的活用法. 日本能率 協会マネジメントセンター.

（19）チャディー・メン・タン，柴田裕之訳.（2016）. サーチ・インサイド・ユアセルフ—仕事と人生を飛躍 させるグーグルのマインドフルネス実践法. 英治 出版.

（20）ダニエル・ゴールマン，土屋京子訳.（1998）. EQ こころの知能指数. 講談社.

（21）Salovey, P., & Mayer, J. D. (1990). Emotional intelligence. imagination. *Cognition and Personality*, 9(3), 185–211.

（22）厚生労働省.『「統合医療」に係る情報発信等推進事 業』「統合医療」情報発信サイト 瞑想（https://www. ejim.ncgg.go.jp/pro/overseas/c02/07.html）.

（23）鈴木省訓.（1995）. 白隠禅の養生法:『夜船閑話』 について. 駒沢女子大学研究紀要，28, 31–46.

（24）齊尾武郎.（2018）. マインドフルネスの臨床評価: 文献的考察，臨床評価，46, 51–69.

（25）Haruki, Y., Homma, I., Umezawa, A., Masaoka, Y(Ed.). (2001). Respiration and Emotion. Tokyo: Springer.

（26）熊澤孝朗，有田秀穂編．（2006）．呼吸の事典．朝倉書店，381–393．

（27）ステファン・W・ポージェス，花丘ちぐさ訳．（2018）．ポリヴェーガル理論入門：心身に変革を起こす「安全」と「絆」．春秋社．

（28）梅沢章男，有田秀穂編．（2006）．呼吸の事典．朝倉書店，395–405．

Column 3　良い香りに出会う・食事の中の芳香

（1）森滝望，井上和生，山崎英恵．（2018）．出汁がヒトの自律神経活動および精神疲労に及ぼす影響．日本栄養・食糧学会誌，71(3), 133–139．

Column 5　よい香りに出会う・香りのもたらす作用

（1）Atsumi, T., & Tonosaki, K. (2007). Smelling lavender and rosemary increases free radical scavenging activity and decreases cortisol level in saliva. *Psychiatry Research*, 150(1), 89–96.

（2）Hongratanaworakit, T. (2009). Relaxing effect of rose oil on humans. *Natural Product Communications*, 4(2), 291–294.

（3）Koga, Y. (1995). The effect of coffee aroma on the brain function: results from the studies of regional cerebral blood flow through positron emission tomography and event–related potential (ERP). *The 16th International Scientific Colloquium on Coffee*, 25–33.

（4）Ikei, H., Song, C., & Miyazaki, Y. (2016). Effects of olfactory stimulation by α –pinene on autonomic nervous activity. *Journal of Wood Science*, 62(6), 568–572.

（5）関健二郎.（2019）. 精神的ストレスに及ぼす香りの効果・オイゲノール芳香によるレジリエンスの獲得とうつ病予防の可能性~, 第20回アロマサイエンスフォーラム講演要旨集, 8-9.（未公刊）

（6）Robin O., Alaoui–Ismaïli O., Dittmar A.& Vernet–Maury E. (1998). Emotional responses evoked by dental odors: an evaluation from autonomic parameters. *Journal of Dental Research*, 77(8), 1638–1646.

（7）Campenni E., Crawley E. & Meier M. (2004). Role of suggestion in odor-induced mood change. *Psychological Reports*, 94(3), 1127-1136.

Column 6　よい香りに出会う～自然の香りと人工の香り

（1）リチャード・ルーブ，春日井晶子訳.（2006）. あなたの子どもには自然が足りない. 早川書房.

（2）Herz, R. S. (2003). The effect of verbal context on olfactory perception. *Journal of Experimental Psychology: General*, 132(4), 595.